创新型中等职业教育精品教材

哲学与人生学习指导

主编　彭培庆　娄　华

江苏大学出版社
JIANGSU UNIVERSITY PRESS
镇　江

内容提要

本书根据教育部最新颁布的《哲学与人生教学大纲》的要求和江苏大学出版社出版的《哲学与人生》教材编写而成。每节都设置了“学习导航”“重难点解析”“自主演练”“人生感悟”“延伸学习”五个栏目，每个栏目都有所侧重。

本书是江苏大学出版社出版的《哲学与人生》教材的配套学生用书，可供中等职业学校德育课教学使用。

图书在版编目（CIP）数据

哲学与人生学习指导 / 彭培庆，娄华主编. -- 镇江：江苏大学出版社，2014.7（2022.9 重印）
ISBN 978-7-81130-794-8

Ⅰ. ①哲… Ⅱ. ①彭… ②娄… Ⅲ. ①哲学－中等专业学校－教学参考资料 Ⅳ. ①B

中国版本图书馆 CIP 数据核字(2014)第 165661 号

哲学与人生学习指导
Zhexue yu Rensheng Xuexi Zhidao

主　　编 / 彭培庆　娄　华
责任编辑 / 成　华
出版发行 / 江苏大学出版社
地　　址 / 江苏省镇江市京口区学府路 301 号（邮编：212013）
电　　话 / 0511-84446464（传真）
网　　址 / http://press.ujs.edu.cn
排　　版 / 北京谊兴印刷有限公司
印　　刷 / 北京谊兴印刷有限公司
开　　本 / 787 mm×1 092 mm　1/16
印　　张 / 9
字　　数 / 162 千字
版　　次 / 2014 年 7 月第 1 版
印　　次 / 2022 年 9 月第 9 次印刷
书　　号 / ISBN　978-7-81130-794-8
定　　价 / 26.80 元

前　言

为了帮助中职生学好“哲学与人生”课程，我们依据教育部最新颁布的《哲学与人生教学大纲》的要求和江苏大学出版社出版的《哲学与人生》教材的内容，编写了这本《哲学与人生学习指导》。

为了便于学生更好地学哲学、用哲学，在学习哲学的过程中感悟人生道理，指导自己的人生实践，我们结合本课程的教学过程，在每节都设置了“学习导航”“重难点解析”“自主演练”“人生感悟”“延伸学习”五个栏目，每个栏目都有所侧重。

- **学习导航：**简明扼要地列出主要学习内容，便于学生从宏观上把握知识脉络。
- **重难点解析：**对每节的重难点知识进行有针对性的阐释，加深学生对重难点知识的理解。
- **自主演练：**根据学生的认知规律和接受能力设计若干习题，便于学生检验学习效果，提升自己的认知、情感和行为能力。
- **人生感悟：**通过经典的哲学故事提炼出哲学观点，便于学生将哲学与人生结合起来，提升运用哲学知识指导人生实践的能力。
- **延伸学习：**选取与所学内容相关的课外知识、名言警句、当前热点材料等内容，便于提高学生的学习兴趣，拓宽学生的知识面。

本书由彭培庆、娄华担任主编。在编写过程中，我们参考了大量的文献资料。在此，向参考过的文献的作者表示诚挚的谢意。

由于编写时间仓促，编者水平有限，书中疏漏与不当之处在所难免，敬请广大读者批评指正。

本书配有习题参考答案，读者可以登录文旌综合教育平台“文旌课堂”（www.wenjingketang.com）下载。

目　录

第一章　坚持从客观实际出发，脚踏实地走好人生路

第一节　了解哲学基本理论

一、学习导航

1．哲学的本义

2．哲学与世界观

3．哲学的基本问题

4．唯物主义和唯心主义

5．物质与意识

（1）世界的物质性

（2）运动是物质的根本属性

（3）意识的本质

二、重难点解析

（一）哲学的本义

哲学就是通过对一系列关乎宇宙和人生的一般本质和普遍规律问题的思考而形成的一门学科。

理解这一概念，需要明确以下几点：

（1）从本义来看，哲学就是一门给人智慧、使人聪明的学问。

（2）从哲学与世界观的关系来看，哲学是关于世界观的学说，是系统化、理论化的世界观。

（3）从哲学与世界观、方法论的关系来看，哲学是世界观和方法论的统一。

（4）从哲学与具体科学的关系来看，哲学是对自然、社会和思维知识的概括和总结。具体科学是哲学的基础，具体科学的进步推动着哲学的发展；哲学为具体科学提供世界观和方法论的指导。

（二）哲学的基本问题

哲学的基本问题就是思维和存在的关系问题，即意识和物质的关系问题。它包括两个方面的内容：一方面，思维与存在何者为第一性的问题。对这个问题的不同回答，是划分唯物主义和唯心主义的唯一标准。另一方面，思维和存在有无同一性的问题，即思维能否正确认识存在的问题。对这个问题的不同回答，是划分可知论和不可知论的标准。

思维和存在的关系问题之所以成为哲学的基本问题，主要原因如下：

(1)思维和存在的关系问题是人们在生活和实践活动中首先遇到和无法回避的基本问题。

（2）思维和存在的关系问题是一切哲学都不能回避、必须回答的问题。

（3）思维和存在的关系问题贯穿于哲学发展的始终，对这一问题的不同回答决定着各种哲学的基本性质和方向，决定着它们对其他哲学问题的回答。

三、自主演练

（一）单项选择题

1．哲学的基本问题是（ ）。

A．物质和运动的关系　　B．世界观和方法论的关系

C．理论和实践的关系　　D．思维和存在的关系

2．哲学中的两大基本派别是（ ）。

A．主观主义和客观主义　　B．辩证法和形而上学

C．唯物主义和唯心主义　　D．可知论和不可知论

3．从远古开始，人们就把“天”作为人类智慧追索的对象，诗人屈原提出了172个“天问”。下列有关“天问”的回答中，具有唯物主义倾向的是（ ）。

A．天行有常，不为尧存，不为桀亡

B．生死有命，富贵在天

C．万物都是“绝对精神”的产物

D．天为阳，地为阴

4．在我国，红色因喜庆而被人喜爱。有传言说2013本命年禁红色，红腰带、红绳等一概不能用，认为红色属火，穿红色会破坏五行平衡。从哲学的角度看，这种传言属于（ ）。

① 唯物主义观点　　② 唯心主义观点

③ 实事求是　　④ 以主观想象代替客观事实

A．①④　　B．③④　　C．①③　　D．②④

5．现在人们能按照自己的需要有意识地制造出数以万计的化合物，但这都是根据原有的单质或化合物制造出来的。这表明（ ）。

A．意识第一性，物质第二性

B．人们可以创造物质

C．新物种的产生离不开原有物种的属性

D．新的物种产生于人的意识

6. 著名哲学家费尔巴哈说："如果上帝的观念是鸟类创造的，那么，上帝一定是长着羽毛的动物；如果牛能绘画，那么，画出来的上帝一定是头牛。"这句话告诉我们（　　）。

A. 上帝观念是人和动物共有的

B. 上帝观念是不相同、千差万别的

C. 宗教观念源于人类的社会生活

D. 不同的认识主体对事物的反映不同

（二）简答题

1. 什么是世界观？它与具体观点有什么区别？

2. 如何理解"意识的形式是主观的"？

（三）分析题

从古到今，哲学家们都承认人们所感知的世界存在着千姿百态、复杂多样的事物和现象，并力求探索世界万物共同的本质、本原，作出了不同的回答。现将有关材料摘录如下：

材料 1　古希腊哲学家泰勒斯认为，水是万物的本原。这是因为万物都是以湿的东西为养料，热本身是从湿里产生、靠湿气维持，物的种子都有潮湿的本性，而水则是潮湿本性的来源。

材料 2　古希腊哲学家毕达哥拉斯认为，数是万物的本原，万物的本原是

一。从数目产生出点；从点产生出线；从线产生出平面；从平面产生出立体；从立体产生出感觉所及的一切物体，产生出四种元素：水、火、土、空气。这四种元素以各种不同的方式互相转化，于是创造出有生命的、有精神的、球形的世界。

材料 3　近代英国哲学家霍布斯认为，物质世界是一个大机器，是各种机械的集合，一个活生生的人也不过是一架完全按力学规律运动的机器而已，心脏不过是发条，神经不过是游丝，关节不过是些齿轮，甚至连欲望、愤怒、爱情、恐惧等情感活动，也是纯粹由机械原因引起的。

材料 4　世界的真正统一性是在于它的物质性。

请根据上述材料，回答以下问题：

（1）材料 1、材料 2 分别属于哪种哲学倾向，它们有何共同点？

（2）材料 3、材料 4 分别属于哪种哲学倾向，它们有何不同点？

（3）材料 4 同材料 1、材料 3 有哪些共同点与不同点？

四、人生感悟

河神与海神

秋天涨水的时候，所有小河里的水都灌到黄河里去，黄河水就突然宽阔起来，两岸距离也远了，隔着河水，看不清对岸的牛和马。这时，河神高兴极了，以为天下的好处都集中到这里来了。

河神顺着河流向东走，到了北海举目东望，竟没有看到海的边缘。这一来，河神才觉得自己的想法不对，于是扭过头来，仰面向海神叹息道：“我以为没有人能比得上自己了，现在看到你是这样的广大和深远，才知道自己不行，如果不到你这里来看看，固守自己的想法，那就糟透了，一定会永远被人家笑话。”

海神听了这番话，向河神说道：“对井下的鱼，不可以和它谈大海，因为它被井的狭窄束缚了；对夏天的虫儿，不可以和它们谈冬天和冰，因为它们被时令限制了。

感悟：人的意识依赖于客观环境，它不可能脱离客观条件而孤立存在。我们在分析问题时，一定要充分考虑客观环境、客观条件对事物的影响，一切以时间、地点、条件为转移，不可把主观认识与客观环境条件割裂开来。

五、延伸学习

“哲学”一词的由来

在我国古籍中，“哲”作聪明、贤明、智慧释；“学”当学问解，没有“哲学”一词。“哲学”一词是近代从日本流传过来的。

德国古典哲学家黑格尔曾说过，第一个用“哲学”这个名词的是古希腊哲学家毕达哥拉斯。这个希腊名词由“爱”（音译为菲罗）和“智”（音译为索菲亚）两个字组成，合起来即是“爱智”，这就是“哲学”的原始意义。这个词转借到英语、俄语、德语等语言中，都音译为“菲罗索菲”。

日本明治维新时期，著名哲学家西周根据汉字的意义将“哲”和“学”拼成“哲学”一词，意译了英语的“philosophy”。

19 世纪末至 20 世纪初，随着新学的兴起，“哲学”一词开始在我国书报杂志中使用，并且很快取代了“玄学”“形而上学”等不准确的名词，成为通用术语。

第二节　客观实际与人生选择

一、学习导航

1. 坚持一切从实际出发

（1）一切从实际出发的含义

（2）一切从实际出发的方法论要求

（3）一切从实际出发的方法论意义

2. 客观实际是人生选择的前提和基础

（1）人生的客观实际的内容

（2）正确认识和把握自己的过去、现在和未来

3. 人生选择的多样性与可能性

（1）物质世界的统一性与多样性

（2）人生发展的可能性与现实性

（3）总有一条适合你的人生路

4. 从实际出发，选择适合自己发展的人生道路

二、重难点解析

（一）一切从实际出发

一切从实际出发是指人们在任何时候、任何条件下，从事任何工作，都要把客观实际作为出发点、立足点，把客观实际作为想问题、办事情的依据。

理解这一问题，需要明确以下几点：

（1）全面把握客观实际的基本内涵。所谓“客观实际”，就是存在于我们意识之外的现实情况，即事物自身的属性和特点，以及事物之间的种种联系和关系。

（2）理解一切从实际出发的方法论要求。即探寻和把握客观事物的内在规律，做到实事求是。

（3）明确一切从实际出发的方法论意义。一切从实际出发是做好各种事情的基本要求、前提和依据。

（二）物质世界的统一性与多样性

物质世界的统一性和多样性是反映物质世界的共同本质和差别性的一对哲学范畴。

理解这一问题，需要明确以下几点：

（1）物质世界的多样性决定了人生选择的多样性。

（2）物质世界的统一性决定了只有符合客观实际的选择才是正确的。

（3）人生的选择必然在一定生活范围内，并受一定客观条件的限制。

（4）要学会在多样性中进行符合客观实际的选择。

（三）人生发展的可能性与现实性

可能性与现实性是揭示事物发展过程中，某些潜在的发展趋势与现实存在的事实之间关系的一对哲学范畴。

理解这一问题，需要明确以下几点：

（1）现实性与可能性的关系。

（2）选择对象的多样性和选择主体目的的多样性，造就了人生选择的多种可能性。

（3）人生选择具有自主性，人生的道路是可以由自己选择的。

（4）多种可能性中总有一种适合自己的人生，即使有一时的挫折，人生也有可能是美好的。

三、自主演练

（一）单项选择题

1. 某地区从该地区的实际情况出发，制定自己的发展战略，促进了经济发展。这说明我们行动的依据是（　　）。

A. 物质的运动观　　　　B. 一切从实际出发，实事求是

C．物质的客观性　　　　　　　　D．认识的无限性

2.“按图索骥”这一成语给我们的启示是（　　）。

A．要继承前人经验，不能割断历史

B．要发挥自觉能动性，不能消极等待

C．要从实际出发，不能迷信书本

D．要重视实践，不能思想僵化

3．下列说法中，与“巧妇难为无米之炊”体现的哲理相同的是（　　）。

A.“心诚则灵，心不诚则不灵”

B.“行百里者半九十”

C.“庄稼施肥有技巧，看天看地又看苗”

D.“仁者见仁，智者见智”

4. 客观实际是人生选择的前提和基础，我们做任何事情只能从自己的基础和条件出发。该观点表明（　　）。

A．人生选择要受到自身条件的制约

B．人的自身条件是先天形成的，不可能得到改变

C．只要外部条件具备，人就可以实现自身发展

D．人不能改变自身在整个世界中的地位

5. 世界歌坛超级巨星帕瓦罗蒂年轻时拿不定主意做教师还是歌唱家。他父亲对他说:“你如果想同时坐两把椅子，可能会从椅子中间掉下去，生活要求你只能选择一把椅子。”这启迪我们（　　）。

① 人生发展有多种可能性，但只有一种可能性能够转变为现实

② 只要努力，最好的可能性一定会转化为人生发展的现实

③ 无论什么样的客观条件都不能阻止可能性转化为现实性

④ 要坚持从实际出发，发挥能动性找到适合自己的发展道路

A．①②　　　B．②③　　　C．③④　　　D．①④

6．下列成语中，可以体现从客观实际出发进行人生选择的是（　　）。

A．量力而行　　　　　　　　B．妄自菲薄

C．好高骛远　　　　　　　　D．不自量力

（二）简答题

1．人生的客观实际包括哪些内容？

2．中职生应如何选择适合自己发展的人生道路？

（三）分析题

1．某中职学校积极组织学生进行“圆梦未来”规划职业生涯活动。老师在引导学生规划职业生涯时列举了丫丫的例子：

丫丫从小的愿望就是做一名模特儿，初中毕业后到职业学校上了模特班。可她发现同学们的个头儿都比自己高，并且比自己漂亮。她想：“我拿什么与人家比呢？”考虑到自己心灵手巧、对色彩和款式比较敏感，于是她改学了服装设计专业。由于发挥了自己的优势，丫丫屡次在校内外举办的比赛中获奖，毕业后就职于一家服装设计公司，工作得很开心。

请结合上述案例，运用从实际出发的知识，谈谈如何规划自己的职业生涯。

2．中职生在日常生活中面临着多种人生选择：

——进入中职学校前后，面临选择就读的专业问题：旅游、机电、数控、电子、汽修、市场营销等专业，究竟选择哪个专业才更适合自己的发展呢？这就需要好好思考。

——在学校生活中，会遇到许多矛盾和问题，例如与其他同学发生了纠纷，在解决纠纷时面临多种选择：① 打架，以武力解决矛盾；② 告诉他人，如亲朋好友、同学、老师或学校领导等，请求帮忙解决；③ 宽容忍让……

——毕业时，也面临着多种选择：是自主创业还是到企业工作，抑或是继续升学等。

请根据上述材料，回答以下问题：

（1）再列举类似事例，说明人生选择具有多种可能性。

（2）简要说明“人生选择的多样性”与“物质世界的多样统一性”之间的内在联系。

（3）说明中职生应如何正确取舍，创造出自己的精彩人生。

四、人生感悟

宋襄公仁义失国

公元前638年，宋楚两军在泓水（今河南省柘城县西北）相遇。宋军的数量小于楚军，处于劣势。但是宋军占据了河边的有利地形，在楚军还没渡完河的时候，宋军已经列阵完毕。公子目夷建议说："彼众我寡，我军获胜的希望不大，不如趁现在楚军还没有完全渡过泓水，我们发动截击，完全有把握扭转劣势。"宋襄公不听，他认为截击正在渡河的对手是不道德的，于是就约束全军不得出击。待楚军渡过泓水、正在慌忙列阵的时候，公子目夷又建议道："我们趁敌人还没有列阵完毕，掩杀过去，还有希望获胜。"宋襄公又拒绝说："要等敌人列阵完毕，我军才能出战。"

很快，楚军列阵完毕，严阵以待，宋襄公这时候才下令对楚军发动全线进攻。他自己亲自驾着兵车，车上飘扬着"尊王攘夷"的大旗，杀向楚国的中军。一场大战下来，宋军惨败，宋襄公精锐的中军全军覆没。宋襄公本人也在乱军中被砍伤了屁股，亏得公子目夷和公孙固等人拼死搭救才逃回商丘。

宋国在泓水之战中损失惨重，国势从此一蹶不振。就连齐孝公也趁火打劫，借口宋国没有参加由陈国发起的颂扬齐桓公的盟会，起兵伐宋。宋国开始沦为大国的附庸，在楚国、晋国等大国之间艰难摇摆以求生存。

宋襄公的霸国梦自此彻底终结了,而他本人也因这次战争的伤势而去世了。

感悟：一个国君不从实际出发，很可能葬送一个国家的前途，宋襄公就属于这类人。

一招制胜

有一个十岁的小男孩，在一次车祸中失去了左臂，但是他很想学柔道。最终，小男孩拜一位柔道大师做了师父，开始学习柔道。

他学得不错，可是练了三个月，师父只教了他一招，小男孩有点弄不懂了。他终于忍不住问师父："我是不是应该再学学其他招数？"师父回答说："不错，你的确只会一招，但你只需要这一招就够了。"小男孩并不是很明白，但他很相信师父，于是就继续练了下去。

几个月后，师父第一次带小男孩去参加比赛。小男孩自己都没有想到居然轻轻松松地赢了前两轮。第三轮稍微有点艰难，但是对手很快变得有些急躁，连连进攻，小男孩敏捷地施展出自己的那一招，又赢了。就这样，小男孩稀里糊涂地进了决赛。

决赛的对手比小男孩高大、强壮许多，也似乎更有经验。小男孩显得有点招架不住，裁判担心小男孩会受伤，就叫了暂停，还打算就此终止比赛，然而师父不答应，坚持说：“继续下去。”比赛重新开始后，对手放松了警惕，小男孩开始使出他的那一招，制服了对手，由此赢得了比赛，得了冠军。

回家的路上，小男孩和师父一起回顾每场比赛的每一个细节，小男孩鼓起勇气道出了心里的疑问：“师父，我怎么凭着一招就赢得了冠军？”师父答道：“有两个原因：第一，你几乎掌握了柔道中最难的一招；第二，据我所知，对手对付这一招唯一的办法是抓住你的左臂。”

感悟：要做出正确的人生选择，就要从自身的客观实际出发。师父从小男孩失去左臂的客观实际出发，扬长避短，最终使其出奇制胜。

五、延伸学习

“实事求是”趣话

“实事求是”这个典故由来近两千年了。它与当时的“河间献王”(封地在今河北省献县一带）密切关联。

西汉景帝刘启有 14 个儿子，除刘彻被立为太子以外，其他 13 个儿子都封了王位。其第三子刘德被封为河间献王，曾在河间县筑城屯兵，防御匈奴。在他的治理下，这一带商业发达、繁荣兴旺，远近闻名。刘德还有一个特别的爱好：酷爱藏书。他从民间收集了很多先秦时期的旧书，认真地进行研究、整理。他脚踏实地、刻苦钻研，很多人都愿意和他一起研讨。

东汉史学家班固在编纂《汉书》时，为刘德立了“传”，并且在“传”的开头对刘德的研究精神作了高度评价，赞扬刘德“修学好古，实事求是”。意思是说：刘德爱好古代文化，对古代文化的研究十分认真，总是在掌握充分的事实根据以后，才从中求得正确可靠的结论来。“实事求是”也就从此沿用下来。

第三节　物质运动与人生行动

一、学习导航

1．物质在运动中存在

（1）运动是物质的存在方式

（2）物质运动是有规律的

（3）物质在运动中存在和发展

2．人生存在于行动中

（1）人生行动的含义

（2）制约人生行动的因素

（3）人生行动是物质力量和内在精神的统一

3．人生路是自己走出来的

（1）不同的行动造就不同的人生

（2）人的成长只能在行动中实现

（3）只有积极行动，才有精彩的人生

4．敢于行动，善于行动

（1）勇敢地走出自己的人生路

（2）遵循客观规律，善于行动

二、重难点解析

（一）运动是物质的存在方式

马克思主义哲学认为，物质只有在运动中才能存在，运动是物质的存在方式，物质和运动不可分。运动是物质自身所固有的，而不是从外界强加于物质的。所以说，运动是物质本身所固有的根本属性。从现实来说，物质和运动不可分，人既是自然界的产物，也是社会属性的人，所以，要求我们用运动的观

点看自己，积极采取人生行动，顺应时代和自身发展规律。

理解这一问题，需要明确以下几点：

（1）哲学上讲的运动的含义。运动是指宇宙间一切事物、现象的变化和过程。

（2）物质与运动的关系。首先，物质是运动的物质，没有脱离运动的物质。运动不仅具有普遍性，而且具有永恒性。这种永恒就表现在物质由一种运动过渡到另一种运动形式的无限转化过程中。每一种具体事物的运动都是有限的，都有生有灭，但一个事物运动的终点又是另一个新事物运动的起点。如此无限转化下去，构成世界的无限的、永恒的、绝对的运动。其次，运动是物质的运动，没有脱离物质的运动。物质是运动的主体，任何运动都有自己的主体。否则，运动是根本无法存在的。

（二）敢于行动，善于行动

此问题是本节内容的落脚点，也是马克思主义物质运动原理与人生行动问题的有机结合点。掌握此问题，不仅能使学生进一步理解学习哲学的作用，更能使学生自觉遵守客观规律，既要敢于行动，又要善于行动，脚踏实地走好人生之路。

理解这一问题，需要明确以下几点：

（1）要用“物质是运动的”观点来分析人生行动，万事万物是运动的，人是物质发展的最高产物，是社会的现实的人，自己的人生路必须自己走，人只有通过积极行动才能实现人生成功。

（2）明确人生行动的特点。人生行动具有目的性，这种目的性不仅需要理想，需要智慧，还需要勇敢。勇敢表现在勇于决断、克服困难、坚持到底、不怕失败、不怕挫折、不怕困难，一往直前、百折不挠。

（3）把握人生行动规律，善于行动。要学会做事，遵循事物法则去做事。要分析客观实际条件，明确善于行动的基本要求：行动要有准备、有顺序、有始有终。

三、自主演练

（一）单项选择题

1．哲学上所讲的运动是指（　　）。

A．自然界的变化和发展　　B．人生社会的变化和发展

C．事物上升的变化和发展　　D．宇宙间一切事物的变化和发展

2．世界唯一不变的是变化。这一论断的含义是（　　）。

A．变是世界的本质

B．世界上只有变，没有不变

C．变是绝对的，不变是相对的

D．变与不变是绝对对立的

3．有一个人向邻居借钱后，一直拖着不还，邻居只好前去讨债，没想到这个人却说：“一切皆流，一切皆变，借钱的我是过去的我，过去的我不是现在的我，您要讨债就向过去的我讨吧！”从哲学的角度看，这个人的错误在于（　　）。

A．否认了物质和运动的关系

B．割裂了运动和静止的关系

C．颠倒了物质和意识的关系

D．歪曲了量变与质变的关系

4．“坐地日行八万里，巡天遥看一千河”所蕴含的哲理是（　　）。

A．物质运动的客观性和时空的主观性的统一

B．物质运动的无限性和时空的有限性的统一

C．物质运动的多样性和静止的单一性的统一

D．物质运动的绝对性和静止的相对性的统一

5．下列选项中，属于规律的是（　　）。

A．红灯停，绿灯行　　B．价格时涨时落

C．万有引力　　D．中职生守则

6.“拔苗助长，苗枯田荒。”这句话给我们的启示是（　　）。

A. 现象是规律的外在表现形式

B. 人在规律面前是无能为力的

C. 尊重规律是取得成功的基础

D. 解放思想是取得成功的条件

7. 地震给人们的生命财产造成了巨大损失。面对地震给人类带来的严重危害，多少代人都孜孜以求，试图揭开地震的奥秘。迄今为止，人们尽管对地震有了许多科学的认识，但仍未能对地震作出准确的预报。地震的发生及危害表明（　　）。

A. 人们在自然面前是无能为力的

B. 一旦掌握了地震的规律，就可以防止地震的发生

C. 事物的运动及规律具有客观性，不以人的意志为转移

D. 事物的联系是普遍的、客观的，人们无法改变

8. 科学家关于日食和月食的预报一再被实际观测结果所证实。这表明（　　）。

A. 自然现象与人的活动有一定的联系

B. 人的认识能够对客观事物产生影响

C. 人能够认识和掌握规律

D. 成功的预报取决于事物本身

9. 早在 1 600 年前的古代，我国劳动人民就利用蚂蚁捕捉害虫。近年来，我国运用人工繁殖法繁育农作物害虫的天敌昆虫，用来防治农作物的多种害虫，取得了很大的成功。这表明（　　）。

A. 人们能够发现某些有害的规律

B. 人们不仅能够认识事物运动的规律，而且能够利用规律，以达到改造世界的目的

C. 人们能够创造害虫与其天敌昆虫的联系

D. 人们不能根据自己的意志创造客观上不存在的规律，或者改造、消灭仍然起作用的规律

10．下列对待大自然的态度中，可取的是（　　）。

A．大自然的报复是可怕的，人类应屈服于它

B．人类应尊重并利用自然规律，尽可能减轻自然灾害带来的损害

C．只要我们遵循自然规律，就能避免自然灾害的发生

D．这是天意，我们对此无能为力

（二）简答题

1．如何理解规律的含义？

2．中职生如何做到善于行动？

（三）分析题

1．当前，有些家长“超前”“超负荷”地让孩子上各种培训班，使孩子学习压力过大，甚至产生厌学情绪，结果事与愿违。孩子即使勉强上了培训班，学习效果也不明显。

根据上述材料，说明在孩子培养问题上，超前、超负荷的学习为什么没有取得预期效果。

2. 小敏是某中职学校服装设计专业的学生，她的理想是开设自己的服装公司。毕业后，小敏开了一家服装加工厂，但是效益不佳，濒临绝境。为了弄清原因，她印发了上千份市场调查问卷，走访了省内外十多个大型服装市场，进行了几个月的市场调研。为了掌握业内最先进的技术，她到深圳一家大型服装厂打了一年工；为了掌握时装流行规律，她又到一家服装商场站了一年柜台；她还去上海、广州、北京等地了解服装市场的情况。

3 年后，她的服装加工厂重振旗鼓。她聘请了 6 名专业的服装设计师；在全国十几个大中城市设立了市场调研员，随时掌握市场动态；聘请了分布在不同城市、不同行业的 20 多人免费试穿服装，及时反馈意见；引入国际质量标准，严把质量关……对于小敏来说，成功自然就是水到渠成的事情了。

请根据上述案例，回答以下问题：

（1）为办好服装加工厂，小敏不断进行市场调研的行为如何体现了物质和运动的关系？

（2）从物质运动与人生行动的角度，谈谈小敏成功的事迹对我们中职生追寻人生理想有何启示。

四、人生感悟

设计师的哲思妙想

一位建筑设计师为一家公司设计了一套综合办公楼群，楼群之间全是绿地，但却没有人行道。楼全部建好了，公司问设计师人行道应该修在哪里，设计师回答：全部种草，秋后再说。

到了秋后，草地上踩出一条条小道，走的人多的地方小道就宽些，走的人少的地方小道就窄些。这时，设计师来了，他让工人沿着人们踩出的痕迹铺设人行道。这些人行道或曲或直，或阔或狭，错落有致，浑然天成，成为这家公司一道独特的风景线。

感悟：规律具有普遍性。要善于发现规律、利用规律，唯有如此，方能做到事半功倍。

与其临渊羡鱼，不如退而结网

有一个人在河边看到水里的鱼又大又多，很想吃，就天天守在河边“望鱼兴叹”。一个老人看见了，就对他说：“你天天在河边看着这些鱼，鱼又不会自己跳上来，你不如回去织张网来捞一点。”那人听了，就回去织了张大网，他把网撒到河里后，果然捞到了很多鱼。

感悟：人的生存和发展都离不开人生行动。做事要努力追求，不能总是停留在口头上，重要的是采取实际行动。

五、延伸学习

决定成功的十种积极心态

决心：是最重要的积极心态，是决心而不是环境在决定我们的命运。

企图：即对达成自己预期目标的成功意愿。要想成功，仅仅希望是不够的。

主动：凡事都应主动，被动是消极等待机遇的降临，一旦机遇不来，就毫无办法。

热情：没有人愿意跟一个整天都提不起精神的人打交道，没有一个领导愿意去提升一个毫无热情的下属。

爱心：内心深处的爱是一切行动力的源泉。不愿奉献的人、缺乏爱心的人，就不太可能得到别人的支持；失去别人的支持，离失败就不会太远。

学习：信息时代的核心竞争力已经发展成为学习力的竞争。信息更新周期已经缩短到不足五年，危机每天都会伴随我们左右。

自信：相信自己会成功，有一天你就真的会成功。

自律：成功需要很强的自律能力，你能在别人玩耍的时候去为成功做准备，就会离成功更近一步。

顽强：在我们追求成功的过程中，一定会遇到很多困难和失败，持续的毅力就是你顽强的意志力。

坚持：如果成功只有一个秘诀，毫无疑问，那就是坚持！

第四节　自觉能动与自强不息

一、学习导航

1．自觉能动性是人特有的能力

（1）自觉能动性的含义

（2）自觉能动性的表现

（3）制约自觉能动性的因素

2．人生是自觉能动的过程

（1）人生的存在和发展都是自觉能动的过程

（2）人生发展是把自己的潜能变成现实的过程

（3）人生意义是在发挥自觉能动性的过程中实现的

3．自信自强对人生发展的作用

（1）自信是打开自己的潜能宝库的钥匙

（2）自强是战胜各种困难的法宝

4．积极进取，自强不息

（1）不断自我激励

（2）克服自卑，战胜自我

二、重难点解析

（一）自觉能动性的含义和表现

自觉能动性又称主观能动性，是指人认识世界和改造世界中有目的、有计划、积极主动的有意识的活动能力，既包括把客观的东西能动地反映于主观，又包括把主观的东西能动地见之于客观。

人的自觉能动性表现在三个方面：首先，表现为人类认识世界的能力以及人们在社会实践的基础上能动地认识世界的活动，即我们通常所说的“想”；其次，表现为人类改造世界的能力以及人们在认识的指导下能动地改造世界的活动，即通常所说的“做”；再次，表现为人类在认识世界和改造世界的活动中所具有的精神状态，即通常所说的决心、意志、干劲。

（二）尊重客观规律与发挥自觉能动性的关系

尊重客观规律与发挥自觉能动性是辩证统一的关系。客观规律制约着自觉能动性的发挥，尊重客观规律是发挥自觉能动性的前提和基础。只有尊重客观规律，才能达到预期目的；通过发挥自觉能动性，能够认识和利用规律，为人类谋福利。任何夸大自觉能动性的做法都是错误的，认为人在规律面前无能为力，从而放弃自觉能动性的观点也是错误的。人们想问题、办事情要取得成功，就必须把尊重客观规律和发挥自觉能动性结合起来。

（三）人生是自觉能动的过程

人生是在一定社会历史条件和环境条件的基础上，能动的、创造性的生活过程；是用自己的智力和体力去认识环境、改造环境，创造物质财富和精神财富，主动地生存和发展的过程。

理解这一问题，需要明确以下几点：

（1）人生发展过程是把自己的潜能变成现实的过程。要充分挖掘和发挥自

身的潜能，就必须正确发挥自觉能动性。

（2）人生意义也是在发挥自觉能动性的过程中实现的。每个人都可以通过自己的努力，使自己的生命更有价值。

（3）青年学生要积极发挥自觉能动性，既要勇敢选择，也要积极行动，创造自己的人生，做自己人生的主人。

三、自主演练

（一）单项选择题

1．以下选项中，不属于自觉能动性的是（　　）。

A．透过现象认识事物的本质和规律

B．以创造性的活动改造世界

C．百折不挠的坚强意志

D．蜜蜂建造的蜂巢巧夺天工

2．人区别于动物的根本特点是（　　）。

A．能够改变环境　　B．有心理活动

C．具有自觉能动性　　D．能反映外部事物

3．“先思后行”是人的行为的基本特点。这个观念表明（　　）。

A．“想”和“做”是人类特有的能动性，是人的能动性的表现

B．人做任何事情都要谨小慎微

C．人具有能动性，只要想得到就能做得到

D．人的思想动机是社会发展的最终根源

4．“巧妇能为无米之炊”与“巧妇难为无米之炊”两种观点的根本区别在于是否承认（　　）。

A．人具有自觉能动性

B．人的自觉能动性受物质条件制约

C．做事情要发挥自觉能动性

D．人的意识反映客观事物

5. 俗话说“劈柴不照纹，累死劈柴人”。这说明（　　）。

A. 尊重客观规律是发挥自觉能动性的前提

B. 客观条件制约着自觉能动性的发挥

C. 按规律办事常常是事倍功半

D. 人们办事有无成效，取决于自觉能动性发挥的程度

6. 目前，火星上有水已成定论。但受条件的限制，对于“水在火星表面为什么消失了，又跑到那里去了”等问题还无结论。正如知名学者所言：“我们只能在我们时代的条件下进行认识，而且这些条件达到什么程度，我们便认识到什么程度。”这说明（　　）。

A. 客观条件会妨碍人的自觉能动性的发挥

B. 认识客观事物必须发挥自觉能动性

C. 人的认识是有限的

D. 人的认识能力受客观条件的制约

7.《孙子兵法》曰：“水因地而制流，兵因敌而制胜。故兵无常势，水无常形，能因敌变化而取胜者，谓之神。”从哲学角度看，这段话表明（　　）。

A. 事物的变化无常没有规律可循

B. 自然规律和社会规律都不以人的意志为转移

C. 尊重规律与发挥自觉能动性是统一的

D. 不同事物的矛盾有所不同

8. 中国古人强调天人合一，《周易》提出：“裁成天地之道，辅相天地之宜。”这些观点对于我们建设美丽中国的启示是（　　）。

A. 发挥自觉能动性能改造规律

B. 人的自觉能动性决定自然变化

C. 改造自然要保持自然原貌

D. 在尊重规律的基础上改造自然

9. 塞万提斯有一句名言：“让我们用笑脸来迎接这悲惨的厄运吧！伟大的心胸应该表现这样的气概——用百倍的勇气对付一切的不幸。”这句话蕴含的哲理是（　　）。

A．只要有勇气，就能克服一切困难

B．人的良好精神状态对战胜困难、取得成功具有重要意义

C．人发挥自觉能动性就能克服一切困难

D．事物是变化发展的，世界上没有一成不变的事物

10．一位小提琴家在音乐会上演奏，突然G弦断了，但是他并没有停下来，而是即兴创作了一首从头到尾可以不用G弦的曲子，演奏非常成功。这说明（　　）。

A．成功总是以挫折困难为基础

B．遇到困难要勇于面对，发挥自觉能动性

C．客观条件无法影响人的成功

D．客观条件制约着人的自觉能动性的发挥

（二）简答题

1．自觉能动性表现在哪些方面？

2．自信自强对人生发展具有哪些作用？

（三）分析题

1．甲乙二人从哲学角度对“心想事成”这一成语的含义进行了分析。甲认为“心想”是“事成”的前提，因此，“心想”一定“事成”；乙认为事情是人做出来的，不是想出来的，因此，“心想”不一定“事成”。

你认为甲乙二人谁的观点正确？为什么？

2. 甲认为，如果自己是一位官二代或者富二代，父母已经把光明大道铺好了，就可以踏着正步、耀武扬威地走下去，要么当大官，要么挣大钱，风光无限。因此，“学好数理化，不如有个好爸爸。”

乙认为，人生的路只能自己去走，怨天尤人、消极等待，实际上是推卸责任的做法，应创造自己的人生，做自己人生的主人。

请根据上述材料，分析甲乙二人谁的观点正确，并说明我们应该如何做自己人生的主人。

四、人生感悟

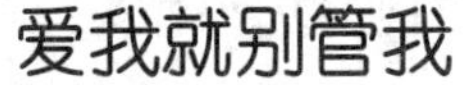

爱我就别管我

有一次，一群科学家在海边考察，发现一只小海龟从沙堆上的一个洞穴里探出头来四处张望，在确认没有危险之后，才慢慢地、警惕地朝海里爬去。这时，一只在空中盘旋的海鸟发现了它，便冲了下来，小海龟急忙掉头往回爬。这群科学家见状，顿生恻隐之心，决定帮小海龟一把。他们跑过去抱起小海龟，把它放到海里去。

正当他们为自己的“义举”而沾沾自喜时，始料不及的事情发生了。洞穴

里的其他小海龟见爬出去的那只小海龟没有回来，以为外面安全了，便纷纷往外爬。这立即引来了一大群海鸟，它们不断地冲下来，享用着丰盛的美餐。

实际上，第一只爬出来的小海龟是出来探路的哨兵，一旦有危险就回去报信。科学家出于好心帮了这只小海龟，却害惨了整窝海龟。

感悟：只有从客观实际出发，才能正确发挥自觉能动性。科学家因为没有从客观实际出发，好心却办了坏事。

真实的高度

大仲马是19世纪的法国作家，他写了很多作品，其中最著名的有长篇小说《三个火枪手》《基督山伯爵》等。这些作品广为流传。

一天，大仲马得知他的儿子小仲马寄出的稿子总是碰壁，便对小仲马说："如果你能在寄稿时，随稿给编辑先生们附上一封短信，或者只是一句话，说'我是大仲马的儿子'，或许情况就会好多了。"

小仲马说："不，我不想坐在您的肩头上摘苹果，那样摘来的苹果没味道。"年轻的小仲马不但拒绝以父亲的盛名做自己事业的敲门砖，而且不露声色地给自己取了十几个笔名，以避免那些编辑先生们把他和自己大名鼎鼎的父亲联系起来。

面对一张张冷酷无情的退稿笺，小仲马没有沮丧，仍然不露声色地坚持创作。他的长篇小说《茶花女》寄出后，终于以其绝妙的构思和精彩的文笔震撼了一位资深编辑。这位知名编辑和大仲马有着多年的书信来往。他看到寄稿人的地址同大作家大仲马的丝毫不差，怀疑是大仲马另取的笔名，但作品的风格却和大仲马迥然不同。带着兴奋和疑问，他迫不及待地乘车去拜访大仲马。令他大吃一惊的是，《茶花女》这部伟大作品的作者竟是大仲马名不见经传的儿子小仲马。

1848年，小说《茶花女》问世，小仲马一举成名。1852年，《茶花女》又被改编成同名话剧，演出获得更大的成功。

那位资深编辑曾经疑惑地问小仲马："您为何不在稿子上署上您的真实姓名呢？"小仲马说："我只想拥有真实的高度。"老编辑对小仲马的做法赞叹不已。

感悟：自信自强，创造人生。在人生的道路上，任何外力的帮助都是第二位的，只有自己的努力才是通向成功之路的金钥匙。

五、延伸学习

培养自信的方法

全面分析自己，找出缺乏自信的原因。针对不同的原因，制定切实可行的改善目标，然后逐步分解目标，一件件地尝试做。

学会欣赏自己。欣赏自己的长处，欣赏自身优秀的品质，用这种欣赏和赞美来增强自我意识，增强自我接受程度和自我价值感。

经常阅读成功自励的书籍。从不同角度分析成功的正确观念和态度，以及一些获取成功的思维方式，帮助自己找到勇气和力量。不断地充实自己的知识，提高自己的能力，弥补自己的不足。

培养积极的态度。多说积极的言语，学会积极思考，从积极的方面看待人与事，与积极的人为伍，运用积极的自我暗示。经常对自己说："我能行!""我很棒!""我能做得更好!"等。

养成自信的行为。从调整自己的基本姿势做起，走路挺胸抬头、面带微笑，养成主动与人说话的习惯。

第二章　用辩证的观点看问题，树立积极的人生态度

第一节　普遍联系与人际和谐

一、学习导航

1．用联系的观点看问题

（1）联系的含义

（2）联系的特征

（3）学会用联系的观点看问题

2．用联系的观点看待人际关系

（1）人际关系的含义

（2）人际关系的特点

（3）人际关系的作用

3．人际和谐是积极健康的人生态度

（1）人际和谐的含义

（2）人际和谐的特征

（3）人际和谐的作用

4．营造和谐的人际关系，创造快乐人生

（1）走出孤独，主动交往

（2）学会与人和谐共处、合作共事

（3）建立真正的友谊

（4）交往要把握一定的度

二、重难点解析

（一）联系的特征

联系是指事物之间以及事物内部各要素之间相互作用、相互影响、相互制约的关系。物质世界的联系是普遍的、客观的，也是多种多样的。

理解这一问题，需要明确以下几点：

（1）联系无处不在，无时不有。自然界内部、人类社会内部、人类与自然界之间、人的认识与客观事物之间都是相互联系的，因此，联系是普遍的。

（2）联系是客观的。联系是不以人的意志为转移的，是事物本身所固有的，而不是人们强加的。

（3）联系是多种多样的。不同的联系对事物产生着不同的影响和作用。

（二）学会用联系的观点看问题

学习联系的基本理论的落脚点在于生活中如何运用普遍联系的观点指导实际生活，因此，在掌握联系相关理论的基础上，落实其方法论就成为重中之重。

理解这一问题，需要明确以下几点：

（1）唯物辩证法关于联系的基本含义和特征。

（2）了解联系的观点所包含的几层含义：要用普遍联系的观点看问题，防止孤立、片面地看问题；要从整体上把握事物之间的联系，处理好整体与局部的关系；要善于发现事物之间的复杂联系，区分多样性联系的不同特点，提高认识事物的洞察力。

（3）明确唯物辩证法联系观点的意义。普遍联系的观点是唯物辩证法的基本观点之一，学习掌握该观点的目的在于学以致用，在我们的学习生活中运用该观点解决实际问题。

（三）人际和谐是积极健康的人生态度

此问题是本节内容的落脚点，学习马克思主义哲学关于联系的观点在解决人生问题的运用中就是要营造和谐的人际关系。如何营造和谐的人际关系是我们每一个人都要面临的问题，也是职业生涯获得成功的必要条件；现在我国正在进行和谐社会的建设，也要求人际关系和谐。因此，掌握此问题，不仅可以让学生自觉运用哲学思想指导自己的行动，还可以进一步理解学习哲学的目的主要是运用哲学指导我们的人生。

理解这一问题，需要明确以下几点：

（1）人际和谐的特征。人与人之间的平等相处，宽松的人际交往环境，相互真诚的信任，彼此之间的友善和关爱。

（2）人际和谐的重要作用。人际和谐有利于个人心理健康发展，有利于人生价值的自我实现。

（3）营造和谐人际关系的途径和方法。让学生学习人际交往的技巧，并且在日常的生活学习中加以运用，提高自己的人际交往能力。

三、自主演练

（一）单项选择题

1．联系是指事物之间以及事物内部各要素之间（　　）。

A．本质的必然的关系

B．现象与偶然的关系

C．直接的关系

D．相互作用、相互影响、相互制约的关系

2．看问题“只见树木，不见森林”是（　　）的观点。

A．普遍联系　　B．孤立

C．唯心主义　　D．不可知论

3．以下选项中，对“一切事物都处在相互联系之中”这句话理解不正确的是（　　）。

A．任何两个事物之间都是有联系的

B．整个世界是一个普遍联系的统一体

C．事物的联系是普遍的

D．世界上没有和周围事物毫无联系的事物

4．计算机网络使全球“网民”的联系更加密切、迅速和便捷，地球变成了一个小小的“地球村”。这说明（　　）。

① 事物是普遍联系的

② 事物的联系是客观的，人们无法改变

③ 人们能够根据事物的固有联系改变事物的状态，建立新的具体联系

④ 事物的联系是人们创造的

A．①②　　B．③④

C．①③　　D．②④

5．在日常生活中，一些人认为：“喜鹊叫喜，乌鸦叫丧”，汽车号码、手机号码含数字“8”“6”能给自己带来好运。这些观点（　　）。

A．承认事物之间联系的客观性

B．否认事物之间联系的客观性

C．承认事物之间联系的普遍性

D．否认事物之间联系的普遍性

6．1 吨废报纸=850 千克再生纸=少砍 17 棵树。报纸的循环再利用与树木、环境、经济、社会的关系表明，事物之间的联系是（　　）。

A．复杂多样的　　B．不可捉摸的

C．因人而异的　　D．固定不变的

7．下列事物之间的联系中，既体现联系的普遍性又体现联系的客观性的有（　　）。

① 动物、水、草、天地

② 国之将亡，必有妖异；国之将兴，必现吉祥

③ 经济发展、人口、资源、环境

④ 指纹、手相、命运

A．①②　　B．③④

C．①③　　D．②④

8．古人云："不谋全局者，不足谋一域；不谋万世者，不足谋一时。"这句话告诉我们（　　）。

A．事物的联系是普遍的、无条件的

B．事物的发展变化是有规律的

C．要学会从整体上去把握事物的联系

D．必须重视局部的作用

9．"一个和尚挑水吃，两个和尚抬水吃，三个和尚没水吃。"这句话反映的哲理是（　　）。

A．任何事物之间都是普遍联系的

B．部分的结构状况会影响整体功能的发挥

C．事物之间的联系是无条件的

D．整体功能总是小于局部功能之和

10．"君子之交淡如水"是说人际交往要（　　）。

A．适度　　B．互惠互利

C．主动热情　　D．互相借鉴

（二）简答题

1．如何用联系的观点看问题？

2．中职生应如何营造和谐的人际关系？

（三）分析题

20 世纪 90 年代以来，世界各国把发展循环经济、建立循环型社会看做是实施可持续发展战略的重要途径和实现方式。循环经济倡导的是一种与环境和谐发展的模式，它要求把经济活动组成一个“资源—产品—再生资源”的反复循环流程，做到生产和消费“污染排放最小化、废物资源化和无害化”，以最低的成本获得最大的经济效益和环境效益。

请根据上述材料，分析说明循环经济所倡导的经济发展模式是如何体现联系观点的。

四、人生感悟

蝴蝶效应

蝴蝶效应是气象学家洛伦兹于 1963 年提出来的。其大意为：一只南美洲亚马孙河流域热带雨林中的蝴蝶，偶尔扇动几下翅膀，可能在两周后引起美国德克萨斯一场龙卷风。

其原因在于：蝴蝶翅膀的运动导致

其身边的空气系统发生变化，并引起微弱气流的产生，而微弱气流的产生又会引起它四周空气或其他系统产生相应的变化，由此引起连锁反应，最终导致其他系统的极大变化。

感悟：联系是普遍的，要用联系的观点看问题。事物发展的结果对初始条件具有极为敏感的依赖性，初始条件的极小偏差将会引起结果的极大差异。

数学家破案

有一个天才数学家，名叫格洛阿。有一天他突然想起来好久没去看老朋友鲁柏了，于是就来到鲁柏所住的公寓。可是女看门人告诉他，两周前鲁柏已被人杀死，家里汇来的巨款也被洗劫一空。悲痛、失望之余，他问女看门人："凶手抓到了没有？现场有没有留下线索？"女看门人说："警察勘查现场时，只看见鲁柏手里死死捏着没吃完的半块苹果馅饼，真叫人难以理解。"女看门人还告诉格洛阿，案发前后并没有外人进入公寓。

数学家思索着，请女看门人带他到三楼，在 314 号房间门前停下来，问："这房间谁住过？"女看门人答道："是米塞尔。""此人如何？""他爱赌钱，好喝酒，昨天已经搬走了。"

"真可惜！这个米塞尔就是杀人凶手！"数学家肯定地说。女看门人大吃一惊，不相信地问："你怎么那么肯定？"格洛阿冷静地说："鲁柏手中的馅饼就是线索。馅饼的英文发音是 pie，而希腊语 pie 是圆周率的意思。而我们都知道，圆周率的前三位正是 3.14。"最后警察抓住了米塞尔，审问后确认米塞尔就是真正的凶手。

感悟：联系具有多样性和复杂性。要善于发现事物之间的复杂联系，区分多样性联系的不同特点，提高认识事物的洞察力。

"六尺巷"的故事

据传，清朝有位做官的人叫张英，他的家人在安徽桐城故乡修建府宅时，与邻居叶家为建屋争地发生矛盾、互不相让。家人便写信给他，以求借他的权势争得地盘。

他接到家信后，立即写下一首诗寄回家去。诗云："千里修书只为墙，让他三尺又何妨，长城万里今犹在，不见当年秦始皇。"家人收到诗后，立即主动让出三尺土地。邻居一看，顿觉惭愧，马上也让地三尺。这样，两家之间便形成了一条六尺宽的胡同，人称"六尺巷"。

假若当年两家针锋相对、互不相让，很可能酿成悲剧，也不会留下"六尺巷"的佳话。

感悟：人与人之间的联系构成人际关系网。在人际交往中，要建立良好的人际关系，就要学会与人和谐共处，多站在别人的立场上考虑问题。

五、延伸学习

人际交往的高级技巧

第一项技巧：善于感恩

感恩是极有教养的产物，你不可能从一般人身上得到。忘记或不会感谢乃是人的天性。这个世界上处处充满了忘记感恩、自私自利的人，"有教养"的人的一点点感恩行为一定会受到他人的尊重，对方一定会反过来给予回报。

第二项技巧：忘掉自己，帮助他人

比自身生命更高贵的奉献精神，会带来真正的成功与快乐，会带来更多的朋友。对别人好不是一种责任，而是一种享受，因为它能增进你的健康与快乐。你对别人好的时候，也就是对自己最好的时候。一个人想得到朋友，享受人生快乐，就不能只想到自己，而应为他人着想，因为快乐来自于你为别人、别人为你。

第三项技巧：我要喜欢你

要赢得他人的友谊和感情，我们必须停止担忧他人是不是喜欢我们，而应该努力发展出激发他人喜欢的基本素质，作出使他人喜欢的行为。为了赢得友

谊和感情，我们必须首先持有付出而不是接受的态度。

第四项技巧：虚心接受批评

如果你被批评，是因为批评你会给他一种重要感，这也说明你是有成就、引人注意的，很多人凭借指责比自己更有成就的人得到满足感。对于那些善意的批判，我们要虚心接受，而对那些攻击，何不一笑置之？

第二节　发展变化与顺境逆境

一、学习导航

1．用发展的观点看问题

（1）发展的含义

（2）发展是前进性与曲折性的统一

（3）学会用发展的观点看问题

2．人生是一个在曲折中发展的过程

（1）人生是一个不断向前发展的过程

（2）人生发展是前进性与曲折性的统一

（3）保持积极进取的精神，准备走曲折的路

3．顺境和逆境是人生发展中不可避免的两种境遇

（1）顺境与逆境的关系

（2）正确看待顺境与逆境

4．以积极的心态对待挫折和逆境

（1）要正确处理好人格与境遇的关系

（2）要有主动适应环境变化的能力

（3）要有积极的心态，保持必胜的信念

（4）要正确看待过去，总结经验教训

二、重难点解析

（一）发展是前进性与曲折性的统一

马克思主义发展观是唯物辩证法的重要内容，而理解和掌握发展观点的关键是正确理解前进性与曲折性的关系，这一原理对于人们正确对待人生和社会有重要指导作用，特别是对青年学生的健康成长和发展具有极其重要的现实教育意义。

理解这一问题，需要明确以下几点：

（1）任何事物的发展都是前进性与曲折性的统一。前进性是事物发展的总趋势，新事物必定战胜旧事物。但是，新事物成长壮大一般要经历艰难曲折的过程，前途是光明的，道路是曲折的，这是一切事物发展的客观规律。

（2）用发展的观点看待人生问题，要正确理解发展过程中的前进性与曲折性的辩证关系。客观分析前进道路中的曲折性，在前进中保持清醒的头脑，准备走曲折的路；遇到挫折时，要坚定前进方向不动摇，树立必胜的信念。

（二）以积极的心态对待挫折和逆境

此问题是本节内容的落脚点，掌握此问题不仅可以帮助学生进一步理解学习哲学的作用，更有助于学生自觉运用哲学指导人生行动。

理解这一问题，需要明确以下几点：

（1）人生是一个不断向前发展的过程，在人生发展过程中，不可避免会有顺境和逆境两种不同境遇。顺境和逆境都是对人生的考验。

（2）客观分析挫折和逆境，坚强的意志不是天生的，而是在后天的磨炼中增强的。坚强的意志是战胜挫折、取得成功的可靠保证，正确地认识挫折、困难与失败，勇敢地面对它们，学会用灵活的策略、理智的态度克服它们；培养坚强的意志品质，树立远大的人生理想，用勇气迎接困难，以意志应对挫折。

三、自主演练

（一）单项选择题

1．“芳林新叶催陈叶，流水前波让后波。”这句话蕴含的哲理是（　　）。

A．新事物代替旧事物是客观世界发展的普遍规律

B．事物的发展是量变与质变的统一

C．事物发展是周而复始的循环

D．发展的过程是一事物否定另一事物

2．新事物是指（　　）。

A．从旧事物中产生出来的东西

B．符合历史发展规律和前进方向的东西

C．在形式和现象上都新的东西

D．一经产生就是强大、完善的东西

3．人们的通信工具从跑马送信、电报电话到手机网络，经历了一系列的变化。这说明（　　）。

A．新事物是对旧事物的彻底否定

B．新事物的发展变化是杂乱无章的

C．事物的任何变化都是根本性的变化

D．事物的发展是一个由低级到高级的过程

4．最初人们把文盲定义为“不识字的人”，20 世纪 70 年代，又把文盲定义为“看不懂现代信息符号、图表的人”，而现在联合国把文盲定义为“不能用计算机交流的人”。可见（　　）。

A．事物的联系是客观的、有条件的

B．人的认识在不断地变化发展

C．任何事物的变化都是新陈代谢

D．一切要从实际出发

5. “少小离家老大回，乡音无改鬓毛衰。儿童相见不相识，笑问客从何处来。”这首诗体现了唯物主义辩证法的（　　）观点。

A．变化发展　　　　B．普遍联系

C．全面　　　　D．内外因相结合

6. 有些人把利用信息技术进行“科学算命”称为“时代的发展”。这种观点是（　　）。

A．正确的，因为它运用了先进的信息技术

B．正确的，因为它是以前所没有的

C．错误的，因为它没有正确理解发展的实质

D．错误的，因为它没有看到事物的运动和变化

7. 丹麦作家安徒生的童年十分不幸，贫穷、饥饿、别人的侮辱时时伴随着他。但他没有萎靡不振，经过艰苦努力，终于成为著名的作家。安徒生的事例启示我们（　　）。

① 没有人奢望在人生道路上直线前进、一帆风顺

② 既要对前途抱有坚定的信念，又要准备走曲折的路

③ 前进性和曲折性的统一是人生发展的基本过程

④ 挫折和逆境更有利于人的成长和发展

A．①②　　　　B．②③

C．③④　　　　D．①④

8. “苦难对于天才是一块垫脚石，对于能干的人是一笔财富，对于弱者是一个万丈深渊。”巴尔扎克的这段话表明（　　）。

A．顺境对于人的成长是不利的

B．逆境不利于人的成长发展

C．逆境也有积极的一面，逆境能使人变得坚强

D．遭遇逆境的人肯定能有所成就

9. 孟子说：“生于忧患，死于安乐。”这句话告诉我们（　　）。

A．忧患必生，安乐必死

B．要正确面对生死

C．逆境有利于人的健康成长，因此人生面临的挫折越多越好

D．在逆境中积极创造条件改变自己的处境，终将成功

10. 有个古罗马哲学家说：“差不多任何一种处境——无论是好是坏——都受到我们对待处境的态度的影响。”所以，我们应该（　　）。

① 春风得意时要忘乎所以　　② 遭遇磨难时不要气馁

③ 追求顺境，回避逆境　　④ 善于调节心理，使逆境转化为顺境

A．①④　　B．②③

C．②④　　D．③④

（二）简答题

1．如何用发展的观点看问题？

2．我们应如何对待挫折和逆境？

（三）分析题

1. 我国广大航天人发扬勇于创新的进取精神，在基础较弱、技术积累较少的情况下，奋力拼搏、集智攻关、迎难而上，攻克一个个尖端课题，突破一项项关键技术，完成了从“神一”到“神十”的研制。

上述材料是如何体现唯物辩证法的发展观的？

2. 美国大发明家爱迪生在发明电灯时，曾使用过上千种材料做灯丝，都失败了，但他并未就此放弃。他说：“失败是我所需要的，它和成功一样对我有价值。”

请根据上述材料，分析我们应该如何面对人生道路上的困难和挫折。

四、人生感悟

胡萝卜、鸡蛋和咖啡豆

一个女孩向父亲抱怨她的生活境遇，抱怨事事都那么艰难，她不知该如何应付生活，想要自暴自弃了。

父亲是位著名的厨师，听到女儿的抱怨，把她带进了厨房。父亲往第一口锅里放了一根胡萝卜，往第二口锅里放了一个鸡蛋，往第三口锅里放了一些粉状咖啡豆，然后分别将它们放入开水中煮，一句话也没说。

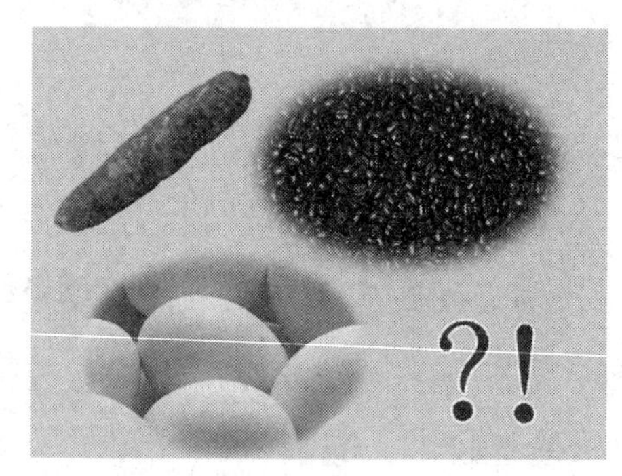

大约 20 分钟后，父亲把火关了，把胡萝卜捞起来放入一个碗里，把鸡蛋捞起来放入另一个碗里，然后又把咖啡舀到一个杯子里。

她摸了摸胡萝卜，注意到它比没煮之前变软了；她将鸡蛋壳剥掉，看到一只煮熟的鸡蛋；她啜饮咖啡，品尝到了咖啡的香浓。最后，她笑了，怯声地问父亲：“这意味着什么？”

父亲解释说：“这三样东西面临着同样的逆境——煮沸的开水，但其反应各不相同。胡萝卜入锅前是强壮的、结实的，但进入开水后，它变软了；鸡蛋原来是易碎的，薄薄的蛋壳保护着液体般的内脏，但是经开水一煮，它的内脏变

硬了；粉状咖啡豆则很独特，进入沸水后，它倒改变了水!”

感悟：在挫折和逆境面前，每个人都有权选择自己的态度，可以像胡萝卜那样选择放弃，也可以像鸡蛋那样选择把自己变得坚强，还可以像咖啡豆那样选择改变环境：不同的态度决定了不同的人生。

高山

有一对兄弟背着沉重的货品在酷热的大太阳底下走着，两人必须翻过一座山才能将货品拿到对面的村落里去卖。

这时满身大汗、受不了酷热的哥哥说：“天气这么热，还要爬过这座山才能到对面去，以后我再也不要去那里做生意了。”

同样一身汗的弟弟说：“我的想法跟你不一样，如果这座山还能再高一些。那该多好呀!”

哥哥不以为然地问：“山再高一点，有什么好处呢？”

弟弟回答说：“如果山再高一些，其他人就会像你一样，因为吃不了苦而退缩，这样一来我就有更多做生意的机会，就可以赚更多钱了。”

哥哥听了弟弟的话后，不禁为自己的懒惰感到惭愧。

感悟：勤劳的人一定有着相对坚强的意志，不会因为遭到小小的挫折或困难就退缩不前。如果遇到困难就打退堂鼓，就会白白错失良机。

五、延伸学习

逆商测试

逆商（AQ）全称逆境商数，是指人们面对逆境时的反应方式，即面对挫折、摆脱困境和超越困难的能力。心理学家认为，成功必须具备高智商、高情商和高逆商这三个因素。在智商和情商差不多的情况下，逆商对一个人的成功起着决定性的作用。

“逆商”对许多人来说也许是一个陌生的名词，但在实际生活中，我们每个人都曾经历过或者正在经历着逆商的考验。想知道你的逆商值是多少吗？赶紧来测一测吧！

选项意义：

A——很符合我的情况

B——比较符合我的情况

C——不能肯定

D——不太符合我的情况

E——根本不符合我的情况

测试题：

1．若把考试卷拿到一个安静、无人的房间去做，我的成绩可能会好一些。

2．我在正式考试或测验时所取得的成绩比平时成绩要好得多。

3．尽管我已经把演讲稿记得很牢，可是在讲演的时候却总要出些差错。

4．如果有必要，我可以通宵达旦地工作和学习。

5．夏天我比别人更怕热，冬天我比别人更怕冷。

6．即使在混乱嘈杂的环境里，我仍能集中精力高效率地学习和工作。

7．体检时，医生都说我心跳过速，其实我的脉搏很正常。

8．会议上发言时，我比别人更镇定、更自然。

9．当家人的朋友来时，我常常想方设法躲避他们。

10．外出时，我很快能适应当地的生活习俗。

11．遇重大比赛时，场面越热烈，我的成绩越差。

12．讨论问题时，我能流利地表达自己的看法。

13．很多事情我更愿一个人做而不愿多人合作。

14．考虑到大家要相安共处，有时我常不能坚定自己的立场或意见。

15．在公众面前或面对生人时，我常有心跳加快的感觉。

16．我能注意到应该注意到的细节，不管当时的情况多么紧迫。

17．与别人讲话时，我常觉得自己没话说，但事后却发觉自己有很多理由反驳对方。

18．考试失利时，我能很快调节情绪，保持自信。

19．每到一个新的地方，我往往会患有一些诸如失眠、心烦、吃不好、拉肚子等小毛病。

20．夜间走路，我能比别人看得更清楚。

评分：

凡属单号题（如 1、3、5……）从 A 到 E 的选项答案分别记 A（1 分）B（2 分）C（3 分）D（4 分）E（5 分）；凡属双号题（如 2、4、6……）从 A 到 E 的选项答案分别记 A（5 分）B（4 分）C（3 分）D（2 分）E（1 分）。

答案与分析：

81～100 分：心理适应能力很强

61～80 分：心理适应能力较强

41～60 分：心理适应能力一般

21～40 分：心理适应能力较差

0～20 分：心理适应能力很差

第三节　矛盾观点与人生动力

一、学习导航

1．用矛盾的观点看问题

（1）矛盾是事物对立统一的关系

（2）矛盾是事物发展的动力和源泉

（3）学会用一分为二的观点看问题

2．矛盾是人生发展的动力

3．积极面对和解决人生中的各种矛盾

（1）积极面对人生中的各种矛盾

（2）正确解决人生中的各种矛盾

4．坚持内外因相结合，促进自身发展

（1）内外因的含义

（2）内外因在事物发展中的作用

（3）正确处理主观努力与外部条件的关系

二、重难点解析

（一）用矛盾的观点看问题

从哲学知识的角度看，辩证法的实质和核心就是矛盾的观点。矛盾分析法是认识事物的根本方法，我们认识世界就是认识矛盾，改造世界就是解决矛盾。用矛盾的观点看问题，是正确认识世界、改造世界的关键。只有掌握了辩证唯物主义的矛盾观，才能为提高人生发展能力奠定理论基础。

理解这一问题，需要明确以下几点：

（1）矛盾就是对立统一的关系。对立和统一是矛盾的两个基本属性，二者在事物发展中的作用是不可分割的，不能只强调一方面而忽视另一方面。

（2）坚持两点论，学会一分为二、全面地看问题。矛盾的观点要求我们看问题、办事情不能偏激，要看到事物内部都存在着矛盾，只有认清事物的矛盾性，才能有利于我们调动一切积极因素，克服消极因素，使事物朝着有利于我们的方向发展。

（二）坚持内外因相结合，促进自身发展

内外因辩证关系是马克思主义哲学关于事物发展原因的重要哲学原理。只有理解了内外因的辩证关系原理，坚持内外因相结合的观点，才能理解个人成长中主观努力与外部条件的关系，解决个人成长中遇到的问题，提高自身素质。

理解这一问题，需要明确以下几点：

（1）内因是事物的内部矛盾，是事物发展的根本原因，外因是事物的外部矛盾，是事物发展的客观条件，二者在事物发展过程中同时存在，缺一不可。但二者的作用并不相同，内因是关键，起决定作用，外因是重要条件，通过内

因起作用。

（2）正确处理主观努力与外部条件的关系。内外因辩证关系在人生问题上的应用就是正确处理主观努力与外部条件的关系，主观努力是自己人生发展的内因，是关键，人生的路是自己走出来的，只有提高自身素质，才能促进人生发展；外部条件是外因，是人生发展的重要条件，所以我们要积极寻找和争取有利于自身发展的条件，积极寻找和创造机遇。

三、自主演练

（一）单项选择题

1．矛盾是反映（　　）。

A．对立面之间互相联系、互相转化关系的范畴

B．事物之间互相对立、互相排斥、互相否定关系的范畴

C．事物内部或事物之间的对立统一及其关系的基本哲学范畴

D．主体和客体之间互相对立的范畴

2．在人类社会的不同时代，解决矛盾的两个方面既有利益冲突的对立性，也有利益一致的同一性或和谐性。这体现了（　　）。

A．世界上的事物包含着既对立又统一的两个方面

B．阶级矛盾是人类社会矛盾的一种而不是全部

C．斗争性就是矛盾双方的利害冲突

D．矛盾的同一性寓于斗争性之中

3．矛盾是事物发展的（　　）。

A．形式和状态　　B．动力和源泉

C．方向和道路　　D．过程和结果

4．内因与外因的关系表现为（　　）。

A．外因决定内因

B．内因是事物发展的根据，外因是事物发展的条件

C．内因是客观的，外因是主观的

D．内因是内容，外因是形式

5．“堡垒容易从内部攻破。”这句话体现的哲理是（　　）。

A．内因是事物发展的根本原因

B．外因是事物变化发展的条件

C．内外因在事物发展中缺一不可

D．事物的变化发展有时可以没有外因

6．“严师出高徒”与“师傅领进门，修行靠个人”分别强调了（　　）。

A．内因和外因的作用　　B．变化和发展的作用

C．外因和内因的作用　　D．量变和质变的作用

7．“虚心使人进步，骄傲使人落后”“近朱者未必赤，近墨者未必黑”，这都说明（　　）。

A．外因是事物发展的重要条件

B．内因是事物发展的根本原因

C．矛盾是普遍存在的，又有其特殊性

D．人的认识受客观物质条件的制约

8．与“世间有伯乐，然后有千里马”蕴含的哲理不同的说法是（　　）。

A．近朱者赤，近墨者黑　　B．在家靠父母，在外靠朋友

C．时势造英雄，家贫出孝子　D．是金子在哪儿都能发光

9．人的成长需要内外因共同起作用，那么，（　　）。

A．主观努力和外部条件共同起着决定性作用

B．外部条件在人生发展过程中起着决定性作用

C．要想促进人生发展，需要主观努力和正确地利用外部条件

D．要想促进人生发展，只需要主观努力，无需外部条件的影响

（二）简答题

1．什么是矛盾？矛盾的基本属性是什么？

2. 内外因在事物发展中分别起着什么作用？

（三）分析题

1. 大凡那些在事业上达到巅峰而后来跌入低谷的人，其失败之由往往并非短处所致，而恰恰是长处为他挖掘了人生的“陷阱”。

请运用矛盾的观点分析上述观点的合理性。

2. 为搞好地震后的城市重建工作，A 市政府根据本地良好的区位优势、产业基础、金融环境和现代物流条件进行灾后重建。同时，国家和省政府制定了许多支持A 市重建和发展的政策措施，在财税、金融、土地、就业等方面给予了特殊的政策；兄弟省份对口开展农村援建、乡镇援建和新县城建设、工业园区建设等工作。灾后重建为 A 市的跨越发展创造了难得的机遇，也为广大投资者提供了兴业创业的良好契机。

上述材料是如何体现内外因辩证关系的？

四、人生感悟

三个旅行者

有三个旅行者同时住进一家旅店，早上同时出门旅游。早上出门的时候，一个旅行者拿了一把伞，另一个旅行者拿了一根拐杖，第三个旅行者什么也没拿。

晚上归来的时候，拿伞的旅行者淋得浑身是水，拿拐杖的旅行者跌得满身是伤，而第三个旅行者却安然无恙。于是，前两个旅行者很纳闷，问第三个旅行者："你怎么会没事呢？"

第三个旅行者没有回答，而是问拿伞的旅行者："你为什么会淋湿而没有摔伤呢？"拿伞的旅行者说："大雨来临时，我因为有了伞就大胆地在雨中走，却不知怎么淋湿了；当我走在泥泞的路上时，因为没有拐杖，所以走得非常仔细，专拣平稳的地方走，就没有摔伤。"

然后，他又问拿拐杖的旅行者："你为什么没有淋湿而是摔伤了呢？"拿拐杖的旅行者说："当大雨来临的时候，我因为没带伞，便拣能躲雨的地方走，所以没有淋湿；当我走在泥泞坎坷的路上时，我便用拐杖拄着走，却不知为什么常常跌伤。"

第三个旅行者听后笑笑，说："这就是我安然无恙的原因。当大雨来时我躲着走，当路不好时我小心地走，所以我既没有淋湿也没有跌伤。"

感悟：人们在很多时候不是"跌倒"在自己的劣势上，而是"跌倒"在自己的优势上，因为劣势常能提醒我们，而优势却常常使我们忘乎所以。因此，要学会用矛盾的观点看问题，善于把劣势转化为优势。

孔子论弟子

孔子的学生子夏问孔子：“颜回的为人怎样？”孔子回答：“颜回的仁义比我强。”子夏又问：“子贡的为人怎样？”孔子说：“子贡的口才在我之上。”子夏接着问：“子路的为人怎样？”孔子说：“子路的勇敢是我所不能。”子夏再问：“子张的为人怎样？”孔子说：“子张的庄重是我所不及。”

子夏听了糊涂起来：“既然他们都比你强，那么他们为什么都愿意拜你为师呢？”孔子说：“颜回仁义但不懂得变通；子贡口才好但不够谦虚；子路勇敢但不懂得退让；子张虽然庄重但与人合不来。他们为人的优点虽然是我所不及的，但是他们的缺点是我没有的，所以他们都愿意拜我为师、跟我学习。”

感悟：要全面地认识自己，既要看到自身的优点，也要看到自身的缺点。既不能只看到优点而沾沾自喜，也不能只看到缺点而自暴自弃。

命运在何处

一个生活平庸的人带着对命运的疑问去拜访禅师。他问禅师：“您说，真的有命运吗？”

“有的。”禅师回答。

“是不是我命中注定穷困一生呢？”他问。

禅师让他伸出左手指给他看，说：“你看清楚了吗？这条横线叫爱情线，这条斜线叫做事业线，另一条竖线就是生命线。”

然后禅师让他跟自己一起做了一个动作，把手慢慢握起来，握得紧紧的。

禅师问：“你说这几根线在哪里？”

那人迷惑地说：“在我的手里呀！”

“命运呢？”

那人终于恍然大悟，原来命运就掌握在自己手里，而不是别人的嘴里。

感悟：内因是事物发展的根本原因。人生的路要靠自己走，提高自身素质是获得人生发展的关键因素。

五、延伸学习

直面人生中的矛盾，做生活的强者

你不能决定生命的长度，但你可以控制它的宽度；
你不能左右天气，但你可以改变心情；
你不能改变容貌，但你可以展现笑容；
你不能控制他人，但你可以掌握自己；
你不能预知明天，但你可以利用今天；
你不能样样顺利，但你可以事事努力。
风霜雨雪都要生活，春夏秋冬都可炼人，
喜怒哀乐都得理智，酸甜苦辣都有营养。
记住该记住的，忘记该忘记的。
改变能改变的，接受不能改变的。
日出东海落西山，愁也一天，喜也一天；
遇事不钻牛角尖，人也舒坦，心也舒坦。
唯淡泊以明志，唯宁静以致远。

相信世界是美好的，但绝不是完美的；生活是艰辛的，但也是幸福的。只要你愿意去努力，你便能获得健康而亮丽的人生。

人生是一个漫长而又短暂的过程，没有人能替代你的成长，你必须学会独立体会其中的艰辛与快乐。只要你能正确地认识自己，认识他人，认识社会，并携手同行者，正确对待这一历程中所有积极与消极的情绪，勇敢面对挫折，超越自我，你便能做生活的强者。

第三章　坚持实践与认识的统一，提高人生发展的能力

第一节　知行统一与体验成功

一、学习导航

1. 实践与认识

（1）实践概述

（2）实践与认识的辩证关系

（3）认识的辩证过程

（4）坚持实践与认识的统一

2. 在知行统一中提高人生发展能力

（1）提高人生发展能力对实现成功人生的作用

（2）人生发展能力的提高过程

（3）提高人生发展的能力需要做到知行统一

3. 成功与失败伴随着人生的发展

（1）成功与失败的关系

（2）正确对待成功与失败

4. 在知行统一中体验成功

二、重难点解析

（一）知行统一观的基本观点和方法

马克思主义的知行统一观也就是马克思主义认识论的基本规律，即“实践、认识、再实践、再认识，循环往复，以至无穷，而实践和认识之间每一循环的内容，都比较地进到了高一级的程度。”只有掌握知行统一观，才能为提高人生发展能力奠定理论基础，才能做到在知行统一中体验成功。

理解这一问题，需要明确以下几点：

（1）理解知行统一观具体包含的几层含义：

第一，实践和认识的辩证关系。实践决定认识，认识对实践有反作用，正确的认识对实践有指导作用。

第二，认识具有反复性和无限性。人们对事物的正确认识往往要经过从实践到认识，再从认识到实践的多次反复才能完成。

第三，认识具有上升性。人们对事物认识的无限性不是简单的圆圈式的循环，而是表现为螺旋式的上升。

（2）明确掌握知行统一观的要求及意义。认识与实践相结合是马克思主义的一个基本原则，它要求我们既要积极参加社会实践，又要在实践中不断总结反思，提高认识水平。

（二）成功与失败伴随着人生的发展

从现实来说，中职生往往不能正确对待人生道路上的失败，认为成功远离中职生。因此，如何在思想上使中职生正确对待人生发展道路上出现的失败，学会让失败变为成功之母，是比较重要的。

理解这一问题，需要明确以下几点：

（1）辩证地看待成功与失败的关系。成功与失败总是相伴而生，是相互依存、相互对立而又相互转化的。

（2）正确对待成功与失败。成功了不要沾沾自喜，更要看到存在的不足，

要认真总结经验，相信成功永无止境，努力争取更大的成功；失败了也不要灰心丧气，而是要认真反思，找出失败的原因，把失败看成是走向成功的阶梯，从失败中吸取教训。

三、自主演练

（一）单项选择题

1．实践是（　　）。

A．人们改造主观世界的一切活动

B．主观思维与主观活动

C．人们改造客观世界的社会活动

D．客观事物本身

2．下列属于实践活动的是（　　）。

① 蜜蜂酿蜜　② 农民种地　③ 鹦鹉学说话　④ 经济体制改革

A．①②　B．①③　C．③④　D．②④

3．认识是人脑对（　　）的反映。

A．社会调查　B．客观事物

C．书本知识　D．前人的知识和经验

4．“没有调查就没有发言权”强调的是（　　）。

① 实践是认识的来源　② 实践依赖于认识

③ 实践对认识具有决定作用　④ 认识依赖于实践

A．②③④　B．①③④

C．①②④　D．①②③

5．实践对认识具有决定作用，下列选项能体现这一观点的有（　　）。

① 近水知鱼性，近山识鸟音　② 冰冻三尺，非一日之寒

③ 学如逆水行舟，不进则退　④ 百闻不如一见，百见不如一干

A．①②　B．②③

C．③④　D．①④

6. 实验是人们为了进行某种认识而进行的一种试探性活动。这说明（　　）。

A. 实验不是实践活动

B. 认识是在实践的基础上发生的

C. 理论和实践必须相结合

D. 实践必须走在理论前面

7. 下列说法与“读万卷书，行万里路”体现的哲理相同的是（　　）。

A.“秀才不出门，全知天下事”

B.“学而不思则罔，思而不学则殆”

C.“读书破万卷，下笔如有神”

D.“纸上得来终觉浅，绝知此事要躬行”

8.“实践是知识的母亲，知识是生活的明灯”，这句谚语体现的哲理是（　　）。

A. 在实践基础上形成的正确认识能够更好地指导实践

B. 学习知识比实践更重要

C. 有时候实践比认识重要，有时候认识比实践重要

D. 知识既源于书本，又源于实践

9. 从实践到认识、从认识到实践的循环是（　　）。

① 圆圈式的循环运动　　② 波浪式的前进

③ 直线式的上升　　④ 螺旋式的上升

A. ①④　　B. ②③

C. ②④　　D. ①③

10. 下列对成功与失败的关系的说法中，正确的是（　　）。

A. 二者是截然对立的，无法统一

B. 二者相互依存和渗透，互相转化

C. 二者都是实践和认识的表现形式

D. 成功具有反复性，失败具有无限性

（二）简答题

1. 为什么说实践决定认识？

2. 中职生应如何做到知行统一？

（三）分析题

1. 有经验的造纸工人用手一摸就知道纸的厚度；老猎手凭借一点蛛丝马迹就可以断定走过的野兽的种类、数量、大小、雌雄；茶叶工人可以凭嗅觉判断茶叶的质量……

上述材料体现了什么哲学道理？

2. 气候变化问题最初是作为环境问题而被科学家讨论的，与气候变化相关的文章一开始也大多出现在科学类杂志上。20 世纪 70 年代，有人开始将环境、气候变化、外交和安全等问题联系起来。直到 1988 年，气候变化问题才逐渐引起了大众关注，有了上升为国家安全和外交政策的可能。自 20 世纪 90 年代以来，全球气候变化已经成为国际关系、经济发展、环境与资源、能源、科技研发等领域内举世瞩目的重大战略性问题。

请结合上述材料，说明人们对气候变化的认识过程所体现的哲学道理。

四、人生感悟

戴嵩画牛

相传唐朝画家戴嵩善于画牛。他精心绘制了一幅《斗牛图》，被人们视为珍品。一次，藏画家把这幅画拿出来晒，恰巧被一个牧童看到了，牧童不禁哈哈大笑。藏主问他为什么发笑，牧童答道："牛在角斗时，力气集中在牛角上，尾巴总是夹在两腿中间，绝不会翘起来。这画上的牛尾巴翘得像一根竖起来的棍子，叫人不由得发笑。"

感悟：实践是认识的唯一来源。戴嵩是一位画家高手，但他对牛的习性的了解还不如一个小牧童，因为它对牛的实践观察不如牧童深入。

假如生活欺骗了你

——普希金

假如生活欺骗了你
不要悲伤　不要心急
忧郁的日子里需要镇静
相信吧　快乐的日子将会来临
心儿永远向往着未来

现在却常是忧郁
一切都是瞬息
一切都将会过去
而那过去了的　就会成为亲切的回忆

感悟：我们要正确面对人生道路上的成功与失败。把失败当成成长中的财富，化失败为动力，以乐观向上的心态迎接生活中的不如意。从这个意义上来看，失败是宝贵的，它将成为“亲切的回忆”，它将带来更大的成功。

门捷列夫与元素周期律

攀登科学高峰的路是一条艰苦而又曲折的路。门捷列夫在这条路上，也是吃尽了苦头。他在彼得堡大学担任副教授时，负责讲授“化学基础”课。自然界到底有多少元素？元素之间有什么异同和存在着什么内部联系？新的元素应该怎样去发现？这些问题在当时的化学界正处于探索阶段。50多年来，各国的化学家们为了打开这秘密的大门，进行了顽强的努力。年轻的学者门捷列夫也毫无畏惧地冲进了这个领域，开始了艰难的探索工作。

他不分昼夜地研究着，探求元素的化学特性，然后将每个元素记在一张小纸卡上。他企图在元素全部的复杂特性里，捕捉元素的共同性。但他的研究一次又一次地失败了。

为了彻底解决这个问题，他又走出实验室，开始外出考察和整理搜集资料。1859年，他去德国海德堡进行深造。两年中，他集中精力研究物理化学，使他探索元素间内在联系的基础更扎实了。1862年，他对巴库油田进行了考察，对液体进行了深入研究，重测了一些元素的原子量，使他对元素的特性有了更深刻的了解。1867年，他借应邀参加在法国举行的世界工业展览俄罗斯陈列馆工作的机会，参观和考察了法国、德国、比利时的许多化工厂、实验室，大开眼界，丰富了知识。

门捷列夫又返回实验室，继续研究他的纸卡。他把重新测定过原子量的元素，按照原子量的大小依次排列起来。他发现性质相似的元素，它们的原子量并不相近；相反，有些性质不同的元素，它们的原子量反而相近。他紧紧抓住元素的原子量与性质之间的相互关系，不停地研究着。

他的心血并没有白费，1869 年 2 月 19 日，他终于发现了元素周期律。他的周期律说明：简单物体的性质以及元素化合物的形式和性质，都和元素原子量的大小有周期性的依赖关系。门捷列夫在排列元素表的过程中，又大胆指出，当时一些公认的原子量不准确。如那时金的原子量公认为 169.2，按此在元素表中，金应排在锇、铂的前面，因为它们被公认的原子量分别为 198.6、196.7，而门捷列夫坚定地认为金应排列在这两种元素的后面，原子量都应重新测定。重测的结果，锇为 190.9，铂为 195.2，而金是 197.2。实践证实了门捷列夫的论断，也证明了周期律的正确性。

在门捷列夫编制的周期表中，还留有很多空格，这些空格应由尚未发现的元素来填满。门捷列夫从理论上计算出这些尚未发现的元素的最重要性质，断定它们介于邻近元素的性质之间。例如，在锌与砷之间的两个空格中，他预言这两个未知元素的性质分别为类铝和类硅。

就在他预言后的四年，法国化学家布阿勃朗用光谱分析法，从门锌矿中发现了镓。实验证明，镓的性质非常像铝，也就是门捷列夫预言的类铝。镓的发现具有重大意义，它充分说明元素周期律是自然界的一条客观规律，为以后元素的研究，新元素的探索，新物资、新材料的寻找，提供了一个可遵循的规律。元素周期律像重炮一样，在世界上空轰响了，门捷列夫也因此闻名于世界！

感悟：门捷列夫发现周期律的过程就是他不畏艰苦、勤于思索、勇于实践、知行统一、体验成功快乐的过程。

五、延伸学习

有关成功与失败的名言警句

成功的唯一秘诀——坚持最后一分钟。

——柏拉图

懒惰受到的惩罚不仅仅是自己的失败，还有别人的成功。

——朱尔·勒纳尔

成功的秘诀——很简单，无论何时，不管怎样，我也绝不允许自己有一点点灰心丧气。

——爱迪生

什么是成功的秘诀？A=X+Y+Z。A 代表成功，X 代表艰苦劳动，Y 代表正确方法，Z 代表少说废话。

——爱因斯坦

失败和挫折等待着人们，一次又一次使青春的容颜蒙上哀愁，但也使人类生活的前景增添了一份尊严，这是任何成功都无法办到的。

——梭罗

本来无望的事，大胆尝试，往往能成功。

——莎士比亚

即使跌倒一百次，也要一百次地站起来。

——张海迪

不会从失败中找寻教训的人，他们的成功之路是遥远的。

——拿破仑

一朵成功的花都是由许多雨、血、泥和强烈的暴风雨的环境培养成的。

——冼星海

如果你问一个善于溜冰的人怎样获得成功时，他会告诉你："跌倒了，爬起来"，这就是成功。

——牛顿

一分钟的成功，付出的代价却是好些年的失败。

——勃朗宁

第二节　现象本质与明辨是非

一、学习导航

1. 透过现象认识本质

（1）现象和本质的关系

（2）现象和本质关系原理的指导意义

2. 在认识事物本质的过程中提高人生发展能力

3. 明辨是非是做人的基本条件

（1）现实生活中存在着是非混杂的情况

（2）明辨是非对个人发展的重要性

4. 识别假象，把握本质，明辨是非

二、重难点解析

（一）透过现象认识本质

现象和本质的辩证关系是辩证唯物主义认识论的基本观点，给我们提供了认识事物的科学方法，是帮助我们解决人生问题的支撑点。只有掌握了透过现象认识本质的方法，才能为提高人生发展的能力奠定理论基础，才能做到识别假象，把握本质，明辨是非。

理解这一问题，需要明确以下几点：

（1）把握辩证唯物主义关于现象与本质的关系原理。无论是哪个领域的事物，无论是简单的事物还是复杂的事物，都有自己的现象，也都有自己的本质。二者既有区别又有联系。

（2）掌握透过现象认识本质的方法。第一，要深入实际，反复实践，全面把握事物的各种现象；第二，要充分发挥自觉能动性，运用科学的思维方法，对大量的现象以及它们之间的相互关系进行科学的分析和研究，努力做到“去

粗取精、去伪存真、由此及彼、由表及里”。

（3）明确透过现象认识本质的要求及意义。透过现象认识本质是马克思主义认识论的一个基本观点，它要求我们在认识事物的时候，既要掌握大量的丰富的现象，又要运用科学的思维方法，进行科学的分析，不断提高认识水平。

（二）识别假象，把握本质，明辨是非

此问题是本节内容的落脚点，也是马克思主义现象本质与解决人生问题的有机结合点。

理解这一问题，需要明确以下几点：

（1）能够运用发生在身边的事例，说明明辨是非是做人的基本条件。只有学会明辨是非，区分善恶，辨析真假，才能做一个真正善良、遵纪守法的人。因为社会生活非常复杂，所以，如何分辨善恶是非，就是做人的首要问题。

（2）明确现象本质观与辨别是非的内在联系。在复杂的社会中，是非善恶并没有黑白分明的标签贴在每一个人的脸上及每一件事情上，这就需要我们学会理性分析，掌握透过现象认识本质的方法。

（3）明确识别假象，把握本质，明辨是非的基本要求。把握事物的本质，必须把现象作为认识的入门向导，不能停留在事物的表面现象上；必须学会正确地区分真象和假象，不为假象所迷惑；必须明辨是非，在揭示事物本质的过程中不断提高认识事物的能力；必须掌握科学的思维方法。

三、自主演练

（一）单项选择题

1．人们常说“会看的看门道，不会看的看热闹”，这里的“门道”和“热闹”从哲学上讲分别是指（　　）。

A．“现象”和“本质”　　B．“本质”和“现象”

C．“客观”和“主观”　　D．“主观”和“客观”

2. 现象和本质的关系是（　　）。

A．现象和本质无关　　B．现象表现事物本质

C．现象歪曲事物本质　　D．现象掩盖事物本质

3. 水有三态：液态、气态和固态，但都是氢原子和氧原子结合成的，其分子式都是 H_2O。这一自然科学常识包含的哲理是（　　）。

A．现象和本质是统一的

B．现象和本质是对立的

C．现象和本质既有区别又有联系

D．认识了现象就等于认识了本质

4. “月亮绕地球公转”“苹果落地”“水往低处流”等现象的背后都隐藏着一个共同的东西——万有引力。这表明（　　）。

A．同一现象只能表现同一本质

B．同一本质可以表现为不同的现象

C．现象、本质都隐藏在事物的内部

D．同一现象可以表现不同的本质

5.“有温良而为盗者，有貌恭而心慢者，有外谦谨而内无至诚者。”这段话包含的哲理是（　　）。

A．凡温良恭谦者均为假仁假义之徒

B．真象和假象混为一谈，无法辨认

C．真象是事物本质的表现，假象不是事物本质的表现

D．真象从正面表现事物本质，假象从反面歪曲地表现事物本质

6. 生物进化论的创始人达尔文说：“大自然一有机会就要说谎。”例如一根直的木棍，将其半截插入水中，看上去就像是弯曲的。这说明（　　）。

A．本质离不开现象

B．现象离不开本质

C．假象也是事物本质的表现

D．假象否定了事物的本质

7.“知人知面不知心”“刀子嘴豆腐心”“笑里藏刀”，这表明要了解一个人，必须（　　）。

A．透过现象抓住对事物本质的认识

B．透过假象抓住对真相的认识

C．透过本质抓住对事物假象的认识

D．假象不反映事物的本质

8.“听其言，观其行，知其心”这句俗语说的是（　　）。

A．现象未必反映本质

B．人的表里总是一致的

C．所有的现象都如实地反映本质

D．要透过现象认识事物的本质

9．透过现象认识本质要注意（　　）。

① 全面地把握事物的各种现象 ② 现象是无关紧要的

③ 学会正确区分真象和假象　④ 对现象进行科学分析和研究

A．①②③　　B．①②④　　C．①③④　　D．②③④

10．速度问题和效益问题，表面上看无非是个快慢问题，但在当前的国际环境中，却是个直接关系到社会主义制度的巩固和我们国家长治久安的问题，因而也是个政治问题。这段材料包含的哲理是（　　）。

A．认识的根本任务是透过现象认识本质

B．实践随着认识的发展而不断深化扩展和推移

C．认识随理论的发展而不断深化扩展和推移

D．科学理论对实践有指导作用

（二）简答题

1．现象和本质关系的原理对我们认识事物有哪些指导意义？

2．中职生应如何做到透过现象把握本质，提高人生发展的能力？

（三）分析题

1．我们看事物必须要看它的本质，而把它的现象只看作入门的向导，一进了门就要抓住它的实质，这才是可靠的科学的分析方法。

请根据上述材料，回答以下问题：

（1）为什么看事物必须要看它的本质？

（2）为什么要把现象作为入门的向导？

2．信息技术的发展带来了生产力的迅速发展，极大地丰富和活跃了人们的生活。然而一些人却利用先进的信息技术手段进行所谓的"科学算命"，利用信息网络传播不健康的内容，污染了网络文化环境，影响着未成年人的身心健康。

请根据上述材料，回答以下问题：

（1）从马克思主义认识论的角度，说明我们应当如何认识这种所谓的

“科学算命”？

（2）中职生应如何明辨是非，抵制庸俗的、低级的网络诱惑，文明上网？

四、人生感悟

法军指挥部因一只小猫而毁掉

第一次世界大战期间，德法两国交战时，法军有一个旅指挥部设在前线阵地的地下室里，十分隐蔽。但由于忽视了长官养的一只小猫，造成了不应有的惨败局面。

当时，德军一名参谋发现：每天上午八九点钟，总有一只小猫在法军阵地后方的坟包上晒太阳，一连观察几天，都是如此。此事引起德军司令官的重视，他召集参谋人员进行分析，判断如下：第一，此猫不是野猫，因为野猫不喜欢白天出来，更不会在炮火连天的阵地上出没；第二，猫的栖身处在坟包附近，而周围并无人家，那里很可能是一个地下隐蔽的指挥部；第三，据仔细观察，此猫是名贵的波斯品种，而打仗时尚能养这种猫的，绝不是下级军官。此地极可能是一个高级指挥部。

于是，德军集中了六个炮兵营的兵力，对小猫出没之地猛烈轰击，结果法军的一个旅指挥部被彻底摧毁，所有人员均被炸死。

感悟：事物是现象和本质的统一体。任何现象都从一定方面表现本质，任何本质都是通过现象表现出来。德军的正确判断就是这样形成的。

错认鼋鳖

有一位长年居住在大山里的猎人来到河边，看见一只鳖，误以为是龟，便说:“你这只山龟不在山里生活，来这儿水边玩水干什么？”边说边要带着鳖回到山里去。

鳖一听急了，说:“我是鳖，不是龟。我的背面上蒙着一层皮，而龟的背上隆起的是骨甲，坚硬得很，再说，我的身子周围还有一圈软肉，我不骗你，大学士苏东坡都羡慕过我的这一圈裙裳呢!”

猎人不太相信，就去附近的渔民那儿打听，渔民们告诉猎人，这的确是鳖不是龟。猎人才把鳖放掉了。

过了一段时间，猎人去东海游玩，发现一只巨大的鼋，有点惊讶地说:“我知道你是鳖，不是龟，可是，时间也不长，你怎么长这么庞大呀!”

鼋也不管猎人说什么，它扬首伸着脖子，张开大嘴，慢慢向猎人靠近。猎人以为它是来亲近自己的，得意地俯下身去凑近它，想不到那只大鼋一口就把猎人吞下肚里去了。猎人直到死，也不知道是为什么死的。

感悟: 猎人只看到鳖与龟的表面区别，便以为真正认识了鳖与龟，从而误认为鼋也是鳖，最终葬送了自己的性命。

九方皋相马

伯乐是善于相马的大师。一天，秦穆公对伯乐说:“你年纪大了，你的子孙中有可以派得出去寻找千里马的人吗？”伯乐向穆公推荐了九方皋。

穆公召见了九方皋，派他出去寻找千里马。三个月以后，九方皋回来报告说:“已经找到了，在沙丘那个地方。”

穆公连忙问:“是什么样的马？”

九方皋回答说:“是黄色的母马。”

穆公派人去把马牵来，却是黑色的公马。穆公很不高兴，把伯乐叫来说:“糟糕透了！你推荐的找马的人，连马的颜色和雌雄都分不清楚，又怎么能识别哪是千里马呢？”

伯乐感慨地赞叹说:“九方皋相马竟达到了这种地步，这正是他比我高明千

万倍的原因呀。九方皋注重观察的是精神，而忽略了它的表象；注意它内在的品质，而忽视了它的颜色和雌雄；只观察到他所需要观察的而忽视了他所不必要观察的。像他这样相出的马，才是比一般的好马更珍贵的千里马啊!”

马牵来了，果然是天下少有的千里马。

感悟：九方皋的高明之处就在于不为事物的表面现象所迷惑，能够真正做到去粗取精、去伪存真、由此及彼、由表及里，从而透过现象抓住本质。

五、延伸学习

生活中的各种假象

在复杂多样的万事万物中，所表征的现象五彩缤纷、变化无穷。其中，人们观察涉猎的假象也很多。

1．物理变化的假象

物理变化是物质运动的一种基本形式，所呈现的假象有以下几种：

(1) 十日并出。古书曾记载：尧之时，十日并出，尧命后羿射九日，留一日。几十年前，西安也出现过天空九个太阳的现象。太阳本质上只有一个，因此，只有一个才是真象，其余都是假象。

(2) 海市蜃楼。这种假象曾迷惑过许多航海者和沙漠行路人。

(3) 日月绕地。人们所直观到的日月都是东升西落，绕地球运行。于是，古代天文学建立了“地心说”。近代波兰人哥白尼建立“日心说”，推翻“地心说”。因而，月绕地才是真象，日绕地是假象。

2．动物活动的假象

动物在生存竞争中有很多怪异的行为，用来蒙蔽天敌和猎物，甚至使人的观察也产生错觉。

(1) 彩色螳螂。有一种螳螂体态很像一朵色彩艳丽的盛开的鲜花，诱惑许多昆虫前来“采蜜”，结果成为它的美味

佳肴。

(2) 狩猎蜘蛛。许多蜘蛛都张网捕食，而狩猎蜘蛛却以上网捕蜘蛛为食。狩猎蜘蛛上网时，可以模仿昆虫落网后的震动状态，使张网的蜘蛛误以为猎物上钩。

(3) 螟蛉变黄蜂。黄蜂刺中螟蛉，并在螟蛉体内注入一种类似麻醉剂的液体，然后产卵于螟蛉腹中。螟蛉处于沉睡状态，其躯不腐。黄蜂幼虫以螟蛉躯体为食，直至羽化飞出躯壳，古人都以为螟蛉变黄蜂。

第三节　科学思维与创新能力

一、学习导航

1．培养科学的思维方法

（1）科学思维的作用

（2）科学思维的几种形式

（3）如何培养科学的思维方法

2．科学思维方法与人生发展能力

（1）科学思维方法与人生发展能力的关系

（2）在学习和实践中加强科学思维训练

3．当代青年必须具备创新能力

（1）创新能力的含义

（2）创新能力对当代青年成长的作用

4．运用科学思维提高创新能力

（1）学习和掌握科学思维规律

（2）努力培养创新精神

二、重难点解析

（一）培养科学的思维方法

美国教育家杜威说："学校所能做或需要做的一切，就是培养学生思维的能力。"科学的思维方法能取得事半功倍的效果。

理解这一问题，需要明确以下几点：

（1）掌握科学的思维方法的作用。科学思维对人们正确认识世界和改造世界具有重要的指导作用。

（2）掌握培养科学的思维方法的途径。必须以正确的世界观和方法论为指导；运用辩证思维的方法；正确地运用形式逻辑；不断地进行思维创新。

（二）培养学生的创新能力

创新能力是指通过创新活动、创新行为而获得创新性成果的能力，实质就是创造性地解决问题的能力。创新能力的培养是素质教育的核心。

理解这一问题，需要明确以下几点：

（1）明确创新能力对当代青年成长的作用。可以这样说，一个人的创新能力，特别是创新思维能力的强弱，将决定他未来的发展前途。

（2）通过合适的途径培养创新能力。一是要学习和掌握科学思维规律，二是要努力培养创新精神。

三、自主演练

（一）单项选择题

1．司马光看到小孩掉进水缸后，不是按常规让人脱离水，而是打破水缸，让水脱离人。这件事给我们的哲学启示是（　　）。

A．办事情必须充分重视意识的能动作用

B．必须承认矛盾的普遍性，坚持两点论

C．发挥自觉能动性，必须以尊重客观规律为前提和基础

D．办事情要敢于打破常规，进行逆向思维

2．辩证思维就是用联系的、发展的、全面的观点看待事物和思考问题，其实质与核心是（　　）。

A．比较分析法　　　　B．矛盾分析法

C．类比法　　　　D．分析综合法

3．“一万个后来者，不如一个开拓者。”这句话表明要（　　）。

A．正确处理整体和部分的关系

B．正确处理个人和社会的关系

C．有创新精神，与时俱进

D．重视量的积累

4．企业界有句话：没有夕阳产业，只有夕阳技术。大到国家，小到企业，发展的关键是敢于和善于创新。这说明（　　）。

A．随着科技的发展，技术创新越来越重要

B．有了经济实力，就有了竞争的主动权

C．任何国家都在行使科技创新的职能

D．能否创新是判断一个社会制度先进与落后的唯一标准

5．哲学家别林斯基说过：“没有否定，人类历史就会变成停滞不前的臭水坑。”这句话给我们的启示是（　　）。

A．敢于蔑视权威，就能推动历史的发展

B．人类历史有可能变成停滞不前的臭水坑

C．只要敢于否定一切，人类历史就会向前发展

D．要敢于否定，树立创新意识，推动人类社会的发展

（二）简答题

1．科学思维有哪些具体形式？

2．中职生应如何培养科学的思维方法?

（三）分析题

1．古人云：疑乃觉悟之机，小疑则小悟，大疑则大悟，不疑则不悟。

上述认为“怀疑是创造性思维的源泉”的说法是否正确？为什么？

2. 随着知识经济的到来，世界上许多国家都在加速对本国创新人才的培养和公民创新教育的研究。我国也十分重视培养创新人才，强调民族创新意识和创新能力的重要性。例如，我国提出了“科教兴国”战略；基础教育“减负”，全面实施素质教育，高等院校改革；加大科技教育投入，制定教育发展纲要。一个有利于创新人才成长和科技创新的良好环境在我国逐渐形成。

请根据上述材料，运用所学哲学知识回答以下问题：

（1）为什么要提高中华民族的创新能力?

（2）青年一代应如何培养自己的创新精神?

四、人生感悟

卫生酒精的发明

有一名医生发现一些酒鬼嗜酒如命，危害健康，就想出了一个办法。一天，他把几个酒鬼召集在一起，做了一个实验：把一只虫子放进盛满凉白开水的杯子中，虫子翻滚了几下，浮出水面，从杯壁上爬出来。医生说："看来虫子会游泳，水不会淹死它"。于是，他就把这只"会游泳的虫子"放进盛有白酒的杯子中，虫子挣扎了几下，不一会儿，就直挺挺地漂在酒面上死了。

医生说："酒不会淹死虫子，是酒把虫子杀死了。"并对酒鬼们说："你们再喝酒，就和这条虫子一样，早晚会被酒杀死！"酒鬼们沉默了一会儿，突然有一个酒鬼嚷道："我还要喝酒！"医生惊异地问他："难道你不怕被酒杀死？"酒鬼说："可以杀死肚子里的蛔虫。"虽然这是酒鬼的逻辑——为他喝酒寻找借口，却启发了医生。既然酒精能杀死蛔虫，那么能不能杀死细菌？医生经过多次实验，终于发明了卫生酒精。

感悟：卫生酒精的发明源于酒鬼的一句话，医生运用了辩证思维的方法。

池塘摸鱼

有一位家长带着上初中的孩子去池塘摸鱼。摸鱼前，他吩咐儿子摸鱼时不要发出声音，否则，鱼就会吓得往水深处跑，就捉不到鱼了。

有一天，儿子一个人去捉鱼，竟捉了半盆鱼。家长忙问怎么捉的。儿子说，您不是说一有声响鱼就会往深处跑吗？所以，我就先在池塘中央挖了一个深水坑，再向池塘四周扔石子，当鱼跑进深坑，我只管摸鱼就是了。

感悟：成人随着岁月的增长，思维受到了束缚，缺少了思维的创造性；而孩子则不然，少了许多束缚。21世纪的学生应该发挥创造性思维，培养自己的创新能力。

聪明的高斯

高斯是著名数学家，小时候就是一个爱动脑筋的聪明孩子。上小学时，一位老师想治一治班上的淘气学生，就出了一道数学题，让学生从 1+2+3……一直加到 100 为止。他想这道题足够这帮学生算半天，他也可以得到半天悠闲。

谁知，出乎他的意料，刚刚过了一会儿，小高斯就举起手来，说他算完了。老师一看答案，5050，完全正确。老师惊诧不已，问小高斯是怎么算出来的。高斯说，他不是从开始加到末尾，而是先把 1 和 100 相加，得到 101；再把 2 和 99 相加，也得 101；以此类推，最后 50 和 51 相加，也得 101，这样一共有 50 个 101，结果当然就是 5050 了。聪明的高斯受到了老师的表扬。

感悟：高斯运用了科学思维，发挥自己的创新能力，最快得出了正确结论。

小鸟是死的还是活的

据说有一位神秘的智者,具有非常丰富的知识和洞悉事物前因后果的能力,他能回答很多问题。

有一个调皮的男孩对其他男孩说:“我想到了一个问题，一定可以难倒那位智者。我抓一只小鸟藏在手中，然后问他，这只小鸟是死的还是活的？如果他回答是活的，我就立即将手中的小鸟捏死，丢在他脚边；如果他回答是死的，我就放开手让小鸟飞走。无论他怎样回答，他都肯定出错。”

打定主意后，这群男孩找到那位智者。调皮的男孩子立刻问他:“聪明的人啊，请你告诉我，我手上的小鸟是死的还是活的？”

智者沉思了一下,回答说:“亲爱的孩子,这个问题的答案就掌握在你手中!”

感悟：这位智者的回答是非逻辑性的。常规思维强调的是逻辑性，注重事物的逻辑联系，不愿打破思维定势；而创新思维则相反，它注重事物的非逻辑联系，甚至是反逻辑联系。

五、延伸学习

衡量个人创新能力的标准

(1) 善于观察，并能用类比、推理的方法表达。

(2) 敢于对权威性的观点提出疑问。

(3) 凡事喜欢寻根究底，弄清事物的来龙去脉。

(4) 能耐心听取别人见解，并从中发现问题或受到启发。

(5) 能发现事物与现象之间的逻辑联系。

(6) 对新鲜事物充满好奇心。

(7) 凡遇到疑问总是喜欢在解决方法上另辟蹊径。

(8) 具有敏锐的观察能力和提出问题的能力。

(9) 总是从失败中发现成功的启示。

(10) 在学习上常有自己关心的独特的研究课题。

第四章　顺应历史潮流，确立崇高的人生理想

第一节　历史规律与人生目标

一、学习导航

1. 历史规律与人的活动

（1）社会历史的发展有其客观规律性

（2）社会发展规律有其特殊性

（3）社会发展规律的实现需要人的创造性活动

2. 人生目标与社会发展

（1）人的动机必须符合社会发展规律

（2）人生目标应该遵循历史发展规律

3. 人生目标与个人成长

（1）人生目标可以规划人生发展

（2）人生目标可以推动人的进步

（3）人生目标可以激发人的潜能

4. 正确树立自己的人生目标

（1）人生目标要符合社会发展规律和个人实际

（2）人生目标要在社会发展中不断校正

（3）实现人生目标要靠自己的不懈努力

二、重难点解析

（一）社会历史的发展有其客观规律性

社会发展的基本规律是辩证唯物主义历史观的核心内容，是帮助学生树立正确人生目标的理论指导。

理解这一问题，需要明确以下几点：

（1）人类社会发展的基本矛盾和基本规律的内容。人类社会的基本矛盾是生产力和生产关系的矛盾、经济基础和上层建筑的矛盾，是贯穿人类社会始终的基本矛盾。社会发展是在生产力与生产关系、经济基础与上层建筑的矛盾运动中，在社会基本矛盾的不断解决中实现的。生产关系一定要适应生产力的发展状况，上层建筑一定要适应经济基础的规律，是在任何社会中都起作用的普遍规律，是人类社会发展的基本规律。

（2）社会历史发展规律具体包括的几层含义：

第一，物质资料的生产方式是人类社会存在和发展的基础，包括生产力和生产关系两个方面，它决定着社会的性质和面貌，决定着社会形态的变革和更替。

第二，生产关系一定要适应生产力的状况。首先，生产力决定生产关系，生产力的状况和水平决定着生产关系的性质和形式，生产力的发展决定生产关系的变革。其次，生产关系又能动地反作用于生产力，一方面，当生产关系适合生产力发展状况时，它为生产力的发展提供广阔的场所，从而推动生产力的发展；另一方面，当生产关系不适合生产力发展状况时，则对生产力发展起阻碍作用。

第三，上层建筑一定要适应经济基础的状况。经济基础决定上层建筑，即经济基础决定社会的政治、法律制度和设施，决定社会的各种思想观点和社会意识形态。上层建筑对经济基础具有反作用，主要表现在为经济基础服务上。当上层建筑适合经济基础状况时，就对生产力的发展和社会进步起推动作用；当上层建筑已经腐朽衰败，并为落后的经济基础服务时，就会阻碍生产力的发

展和社会进步。

（二）正确确立自己的人生目标

此问题是本节内容的落脚点，掌握此问题，可以帮助学生在掌握社会历史发展规律的基础上，进一步引导学生正确处理人生目标和现实的关系，把自己的人生目标和社会的发展、具体的学习实践结合起来，成就美好人生。

理解这一问题，需要明确以下几点：

（1）正确确立自己的人生目标要符合历史发展规律，这是做出正确的人生选择、确定人生目标的前提。

（2）正确认识人生目标和社会发展的关系，即人生目标应该遵循社会发展规律。青年学生要把自己的人生目标与我国全面建设小康社会的时代要求结合起来，通过对自己人生目标的不懈追求，为社会做出自己的贡献。

（3）正确确立自己的人生目标要靠自己的不断学习和不断提高。一旦确定了人生目标就要坚定地走下去，实现自己的美好人生。

三、自主演练

（一）单项选择题

1．下列属于人类社会基本矛盾的是（　　）。

① 生产力与生产关系的矛盾　　② 经济基础与上层建筑的矛盾

③ 人与自然的矛盾　　④ 人与社会的矛盾

A．①②　　B．③④　　C．①④　　D．②④

2．判断一种生产关系是否先进的根本标志是（　　）。

A．生产资料公有制还是生产资料私有制

B．促进生产力发展还是阻碍生产力发展

C．社会化大生产还是个体小生产

D．封闭的自然经济还是市场经济

3．在社会主义初级阶段，必须坚持和完善公有制为主体、多种所有制经济共同发展的基本经济制度，毫不动摇地巩固和发展公有制经济，毫不动摇地鼓励、支持、引导非公有制经济发展。这有利于（　　）。

① 解放和发展生产力　　② 促进我国的经济建设和社会进步

③ 促进生产关系性质的变化　　④ 发挥生产关系对生产力的决定作用

A．①②　　B．①③　　C．②③　　D．②④

4．社会规律与自然规律的共同点是（　　）。

A．它们都是不包含偶然性的必然性过程

B．它们的实现都是无需人参与的客观过程

C．它们都是不以人的意志为转移的客观物质运动过程

D．它们都是通过人有意识有目的的活动而起作用的

5．1999 年 9 月，英国某广播公司通过新闻网页举行公开投票，由公众推选过去一千年中最伟大的思想家，前三名依次是：马克思、爱因斯坦、达尔文。他们推选的依据应当是（　　）。

A．个人活动对社会发展产生的影响程度

B．个人活动与社会发展的相互依赖性

C．个人活动摆脱社会发展规律制约的程度

D．个人活动是否受到社会发展的制约

6．我国青年英雄董存瑞 1945 年参军后，先后荣立 3 次大功、4 次小功，荣获 3 次勇敢奖和一枚毛泽东奖章，在 1948 年 5 月 25 日进攻隆化的战斗中英勇献身。这些事实表明（　　）。

① 个人活动都会对社会发展起积极的推动作用

② 每个人都应该在自己的岗位上，尽最大努力为社会发展做出贡献

③ 当个人的活动符合社会发展的规律，反映了人民群众的根本利益时，就能对社会发展起积极的推动作用

④ 每一个人都会对社会历史起一定作用，关键的是应该对社会历史起促进或推动作用，并且使这种作用越大越好

A．①②③　　B．①③④　　C．①②④　　D．②③④

7. 判断人生目标正确与否的最重要的标准是看其是否符合（　　）。

A. 个人实际情况　　B. 家人的意愿和要求

C. 社会历史发展规律　　D. 自己所处的环境条件

8. 诸葛亮的名言“志当存高远”启示我们（　　）。

A. 人应当选择崇高的人生目标

B. 人生目标是社会意识的内容

C. 只有崇高的人生目标才能推动社会发展

D. 人生目标越高越有动力

9. 养猪是平凡的工作，被有的人看作“下贱活儿”，但有人创造了科学养猪方法，当上了模范饲养员；站柜台是平凡岗位，被有的人认为“低人一等”，但许多人干得很出色，深受顾客欢迎。这些事实主要说明（　　）。

A. 只要有人生目标就能实现

B. 实现人生目标需要一定社会条件

C. 平凡工作岗位同样可以实现人生价值

D. 平凡工作岗位的目标不一定符合人的动机

10. 下列有关人生目标的说法中，不正确的是（　　）。

A. 人生目标要在社会中不断校正

B. 人生目标的确立和实现只要符合个人实际就行

C. 人生目标的确立关系到人生奋斗的方向，一旦确立就要坚持到底

D. 正确确立人生目标要靠自己的不断学习和不断提高

（二）简答题

1. 与自然规律相比，社会发展规律有哪些特殊性？

2. 人生目标对个人成长有哪些作用?

(三)分析题

1. 古今中外,一切有作为、有成就的人,都是由于他们清醒地认识到个人活动受社会发展的制约,并善于使自己的追求适应当时的社会实际、符合社会需要而获得成功的。

请列举有关事例,说明个人活动为什么要符合社会历史发展规律的要求。

2. 现阶段我国的基本矛盾仍然是生产力和生产关系、经济基础和上层建筑之间的矛盾,因此中国特色社会主义道路是以经济建设为中心,坚持四项基本原则,坚持改革开放,解放和发展社会生产力,建设社会主义市场经济、社会主义民主政治、社会主义先进文化、社会主义和谐社会、社会主义生态文明,促进人的全面发展,逐步实现全体人民共同富裕,建设富强民主文明和谐的社会主义现代化国家。

职业教育要面向人人、面向社会,着力培养学生的职业道德、职业技能和就业创业能力。到2020年,形成适应发展方式转变和经济结构调整要求、体现终身教育理念、中等和高等职业教育协调发展的现代职业教育体系,满足人民群众接受职业教育的需求,满足经济社会对高素质劳动者和技能型人才的需要。

我国现阶段的基本国情和职业教育发展目标，对我们确立和实现人生目标有什么启示？

四、人生感悟

四只毛毛虫的故事

有四只关系很好的毛毛虫，都长大了，各自去森林里找苹果吃。

第一只毛毛虫跋山涉水，终于来到一棵苹果树下。它根本就不知道这是一棵苹果树，也不知树上长满了红红的可口的苹果。当它看到其他的毛毛虫往上爬时，稀里糊涂地就跟着往上爬。没有目的，不知终点，更不知道自己到底想要哪一种苹果，也没想过怎么样去摘取苹果。它的最后结局呢？也许找到了一个大苹果，幸福地生活着；也许在树叶中迷了路，过着悲惨的生活。

第二只毛毛虫也爬到了苹果树下。它知道这是一棵苹果树，也确定它的“虫”生目标就是找到一个大苹果。问题是它并不知道大苹果会长在什么地方。但它猜想：大苹果应该长在大枝叶上吧！于是它就慢慢地往上爬，遇到分枝的时候，就选择较粗的树枝继续爬。它按这个标准一直往上爬，最后终于找到了一个大苹果。这只毛毛虫刚想高兴地扑上去大吃一顿，但是放眼一看，它发现这个苹果竟是全树上最小的一个，上面还有许多更大的苹果。更令它泄气的是，要是它上一次选择另外一个分枝，它就能得到一个大得多的苹果。

第三只毛毛虫也到了一棵苹果树下。这只毛毛虫知道自己想要的就是大苹果，并且研制了一副望远镜。还没有开始爬时就先利用望远镜搜寻了一番，找到了一个很大的苹果。同时，它发现当从下往上找路时，会遇到很多分枝，有各种不同的爬法；但若从上往下找路时，却只有一种爬法。它很细心地从苹果的位置由上往下反推至目前所处的位置，记下这条确定的路径。于是，它开始往上爬了，当遇到分枝时，它一点也不慌张，因为它知道该往那条路上走，而不必跟着一大堆虫去挤破头。最后，这只毛毛虫应该会有一个很好的结局，因为它已经有了自己的计划。但是真实的情况往往是，因为毛毛虫的爬行相当缓慢，当它抵达时，苹果不是被别的虫捷足先登，就是因熟透而烂掉了。

第四只毛毛虫可不是一只普通的虫，做事有自己的规划。它知道自己要什么苹果，也知道苹果将怎么长大。因此当它带着望远镜观察苹果时，它的目标并不是一个大苹果，而是一朵含苞待放的苹果花。它计算着自己的行程，估计当它到达的时候，这朵花正好长成一个成熟的大苹果，它就能得到自己满意的苹果。结果它如愿以偿，得到了一个又大又甜的苹果，从此过着幸福快乐的日子。

感悟：要有正确的人生目标，否则精力全属浪费。

苦学“无用”

《庄子·列御寇》中写道：“朱评漫学屠龙于支离益，单千金之家，三年技成，而无所用其巧。”意思是说，朱评漫耗尽资财向支离益苦学杀龙本领，用了三年的时间学成，因无龙而所学无用。

感悟：脱离社会去制定个人目标是不切实际的。个人离开社会需要，即使本事再大，也是“英雄无用武之地”。

尽力而为，也要量力而行

一位武林大师隐居于山林中，人们都千里迢迢地赶来跟他学武。

人们在到达深山的时候，发现大师正从山谷里挑水。他挑的水不多，两只木桶都没有装满。

人们不解地问：“大师，这是什么道理？”

大师说：“挑水之道并不在于挑的多，而在于挑的够用。一味贪多，适得其反。”

众人越发不解。

大师笑道："你们看这个桶。"

众人看去，桶里画了一条线，大师说："这条线是底线，水绝对不能超过这条线，否则就超过了自己的能力和需要。开始还需要看这条线，挑的次数多了就不用再看这条线了，凭感觉就知道是多是少。这条线可以提醒我们，凡事要尽力而为，也要量力而行。"

众人又问："那底线应该定多低呢？"

大师说："一般来说，越低越好，因为这样低的目标容易实现，人的勇气不容易受到挫伤，相反会培养起更大的兴趣和热情。长此以往，循序渐进，自然会挑的更多，挑的更稳。"

感悟：在制定和规划自己的目标时，不要脱离自己的实际情况。目标确定以后一定要循序渐进，坚持不懈地逐步实现目标，这样才有可能取得进步，达成目标。

五、延伸学习

学会制定正确的人生目标

目标的制定可采取三级目标制：长远目标是若干年后想要达到的目标；中期目标可作为刚毕业后的目标；短期目标可定在一年之内。在制定中短期目标时，要做到心中有数，难度应符合"跳起来，摘桃子"的标准。

1. 职业目标

我的长期职业目标（从现在起 5 年内）：

我的中期职业目标（从现在起 3 年内）：

我的短期职业目标（从现在起 1 年内）：

为了达到职业目标，每一个工作日我应采取的具体行动：

2．生理目标

我的长期生理目标（一生）：

我的短期生理目标（从现在起1年内）：

为了实现生理目标，我每天应采取的具体行动：

3．学习目标

我的长期学习目标（一生）：

我的中期学习目标（从现在起2～5年内）：

我的短期学习目标（从现在起1年内）：

本月（本周）我的学习计划：

今天我的学习计划（学习时间安排）：

第二节　社会理想与个人理想

一、学习导航

1．理想与现实

（1）理想的含义与分类

（2）正确对待理想与现实的关系

2．社会理想与个人理想的关系

（1）社会理想与个人理想的含义

（2）社会理想与个人理想的关系

（3）正确对待社会理想与个人理想

3．理想对人生发展的重要作用

（1）理想指引着人生前进的方向

（2）理想是人生的精神支柱

（3）理想是人生进步的力量源泉

4．确立崇高的人生理想

二、重难点解析

（一）理想与现实

正确理解理想与现实的矛盾，是树立科学的理想和实现自己远大理想的基础。在这个问题上，学生往往把现实“理想化”，在课堂、学校能够接受理想教育拥有一腔热情，可一旦接触到社会一些腐败现象、丑恶现象时，又使学生迷惑，对“理想化”的现实产生怀疑，甚至放弃对“理想”的追求。因此，如何从理论与实践的结合明确这个问题，不仅很重要，而且有一定难度。

理解这一问题，需要明确以下几点：

（1）正确理解理想与现实的辩证关系。二者既相互联系、相互转化又相互区别。所谓相互联系，是指理想源于现实，现实是理想的基础，理想离开现实就会成为无源之水、无本之木；所谓相互转化，是指在一定的条件下，理想可以变成现实，现实又会产生新的理想；所谓相互区别，是指理想不等于现实，理想的实现要在现实的基础上去努力奋斗。

（2）依据理想与现实的对立统一关系，认识以下三个问题：理想不是今天的现实；理想经过奋斗，可以转化为现实；理想要变为现实，道路不是笔直平坦的，中间会有曲折坎坷。因此，应把理想根植于现实的土壤之中。

（二）社会理想与个人理想

正确认识和处理社会理想与个人理想的关系，既是个人进行正常活动的重要条件，又是进行科学人生选择的前提。要想树立崇高的个人理想，就必须正确理解个人理想与社会理想的辩证关系，自觉地将个人的理想融入社会发展的历史潮流中。

对于社会理想与个人理想的关系的科学认识应该是：社会理想与个人理想是紧密联系、相互依赖、相互渗透、相互制约、辩证统一的。其中社会理想起着主导作用，它既贯穿于个人理想之中，决定、支配着个人理想，又是个人理想的归宿和基础。

理解这一问题，需要明确以下几点：

（1）社会理想决定和支配个人理想，个人理想服从社会理想

首先，社会理想决定个人理想的选择。社会理想是理想的核心，是最根本的理想。在社会主义条件下，它追求的是整个民族、国家和人类的根本利益，包含着每个成员所追求的最大利益，对个人生活的追求、职业的选择、道德的完善起着指导和支配作用。只有在社会理想的指导下，个人才能确定其奋斗目标。

其次，社会理想制约着个人理想的实现。个人理想的实现必须以社会理想的实现为前提，离开了社会理想，个人理想的实现就没有保证。这就是说，社会理想的实现是个人理想实现的基础，只有社会理想得到实现，个人理想才能得到实现。

（2）个人理想是社会理想的具体表现，没有个人理想，就没有社会理想

首先，社会和个人是构成社会有机体的两类必要因素，它们是紧密相连、不可分割的。一方面，个人是一定社会的人，人的本质是一切社会关系的总和；另一方面，社会总是人的社会，人是社会的主体，每个社会都由它的全体成员所组成。

其次，个人理想是社会理想的具体表现。个人理想从内容上看是多种多样的、有差别的，但它并不是自己想干什么就干什么，而是根据社会发展的要求，结合自己的工作岗位和实际条件所确立的切实的奋斗目标。

（3）正确处理社会理想和个人理想的关系

一方面，在树立个人理想时，要紧密联系社会理想，根据社会主义、共产主义事业发展的需要，按照时代和人民的要求以及自己的实际条件确立自己的奋斗目标，并在实践中不断充实和完善个人理想。另一方面，在保障实现社会理想的前提下实现个人理想，做到社会理想与个人理想相统一。

三、自主演练

（一）单项选择题

1. 理想是一定的社会历史条件和社会各种关系的产物，不可能脱离当时的时代。这是因为（　　）。

A．理想是社会意识　　B．理想就是现实

C．理想源于现实　　D．理想转化为现实

2．俄国寓言大师雷洛夫说："现实是此岸，理想是彼岸，中间隔着湍急的河流，行动则是架在河上的桥梁。"这一比喻告诉我们（　　）。

① 理想不是现实，二者对立统一

② 理想可以转化为现实

③ 理想的实现要靠实践

④ 理想是理想，现实是现实，二者没有直接的联系

A．①　　B．①②

C．①②③　　D．①②③④

3．"理想好比是泥土中长出来的花，它虽生长在泥土中，但又不是泥土。"这说明（　　）。

① 现实是理想得以产生的基础

② 理想源于现实，又高于现实

③ 理想产生于现实，又不同于现实

④ 理想对人生有重大的指导作用

A．①②③　　B．①③④

C．①②④　　D．②③④

4．实现人生理想的根本途径是（　　）。

A．认真读书，掌握科学知识　　B．努力提高自己的综合素质

C．发挥自觉能动性　　D．积极投身社会实践

5.“宝剑锋从磨砺出，梅花香自苦寒来”“书山有路勤为径，学海无涯苦作舟”，这些格言警句表明（　　）。

A．理想能转化为现实

B．理想源于现实，又高于现实

C．理想转化为现实必须具备主客观条件

D．艰苦奋斗是理想转化为现实的重要的主观条件

6．有的人看到社会生活中一些假、恶、丑和不合理的现象，就对社会主义理想产生动摇、怀疑。这种认识（　　）。

A．不懂得理想源于现实

B．不懂得理想可以转化为现实

C．不懂得理想的实现要靠艰苦奋斗

D．不懂得理想与现实的区别，将二者等同起来

7．一个人全面理想的归宿和基础是（　　）。

A．社会理想　　　　B．职业理想

C．道德理想　　　　D．科学理想

8．社会理想和职业理想、生活理想、道德理想的关系是（　　）。

A．职业理想对一个人的其他三种理想起主导和支配作用

B．社会理想贯穿于其他三种理想之中，是其他三种理想的归宿和基础

C．道德理想是最根本的，决定和制约了其他三种理想

D．职业理想、生活理想、道德理想对社会理想具有决定作用

9．一个人如果没有崇高理想或者缺乏理想，就会像一艘没有舵的航船，随波逐流，难以顺利到达彼岸。这说明（　　）。

A．理想是人生的指路明灯

B．理想是人们对客观事物的正确认识

C．理想是人们行为规范的总和

D．理想是人们的主观想象

10．车尔尼雪夫斯基说过：“一个没有受到献身精神所鼓舞的人，永远不会做出伟大的事情来。”这说明（　　）。

A．任何理想都是鼓舞人们为伟大事业而奋斗的精神动力

B．崇高理想是鼓舞人们前进的巨大动力

C．理想就是一定社会历史条件和经济关系的产物

D．有了理想就能成就伟大事业

（二）简答题

1．如何看待理想与现实的关系？

2．中职生应如何确立崇高的人生理想？

（三）分析题

材料 1　生活在世界上的每一个人，不管他自觉还是不自觉，也不管他从事什么职业，理想总是在他身上发生作用。有的人终生为人民的利益和社会的进步而奋斗，为社会做出巨大贡献，为人民所敬仰；有的人一生碌碌无为，成为人生道路上匆匆来去的过客；有的人贻害社会，成为历史和社会的绊脚石。所有这些，都与人们的奋斗目标有直接关系。从一定意义上说，都是人们不同理想的必然结局。

材料 2 虽然每个人都有自己的向往和追求，但这并不意味着任何人的向往和追求都能变为现实，只有那些符合社会发展规律，具备了客观条件的奋斗目标才能变为现实。

请运用所学哲学知识，谈一谈你是如何理解上述两则材料的。

四、人生感悟

50 年前的梦想

一个叫布罗迪的教师在整理阁楼时，偶然发现了一沓作文本。作文本上是幼儿园 31 个孩子在 50 年前写的作文，题目叫《未来我是……》。

布罗迪随手翻了几本，很快便被孩子们千奇百怪的自我设计迷住了。比如，有个叫彼得的小家伙说自己是未来的海军军官，因为有一次他在海里游泳，喝了三升海水而没被淹死；还有一个说，自己将来必定是总统，因为他能背出 25 个城市的名字；最让人称奇的是一个叫戴维的盲童，他认为，将来他肯定是内阁大臣，因为该国至今还没有一个盲人进入内阁。总之，31 个孩子都在作文中描绘了自己的未来。

布罗迪读着这些作文，突然有一种冲动：何不把这些作文本重新发到他们手中，让他们看看现在的自己是否实现了 50 年前的梦想。当地一家报纸得知他的这一想法后，为他刊登了一则启事。没几天，书信便向布罗迪飞来。其中有商人、学者及政府官员，更多的是没有身份的人……他们都很想知道自己儿时的梦想，并希望得到那个作文本。布罗迪按地址一一给他们寄了过去。

一年后，布罗迪手里只剩下戴维的作文本没人索要。他想，这人也许死了，毕竟 50 年了，50 年间是什么事都可能发生的。

就在布罗迪准备把这本子送给一家私人收藏馆时，他收到了内阁教育大臣布伦克特的一封信。信中说："那个叫戴维的人就是我，感谢您还为我保存着儿时的梦想。不过我已不需要那本子了，因为从那时起，那个梦想就一直在我脑子里，从未放弃过。50年过去了，我已经实现了那个梦想。今天，我想通过这封信告诉其他30位同学：只要不让年轻时美丽的梦想随岁月飘逝，成功总有一天会出现在你眼前。"

感悟：实现理想是从此岸游到彼岸的过程，需要持之以恒地行动，才可能将理想变为现实。就像故事中的小男孩戴维，从小他就认定自己的梦想，要成为第一位盲人内阁大臣。在50年的漫长岁月中，他一直以此为精神支柱，向着这个方向努力，最终走到了人生的巅峰。

摆　渡

有一位老人专门从事从小岛到大陆的摆渡工作，干了一辈子。无论是酷暑寒冬，还是风霜雨雪，老人周而复始，从不停歇。

一天，一个年轻的乘客发现，在老人的一只桨上，刻着"工作"两个字，而在另一只桨上，刻着"理想"两个字，于是向老人询问其中的含义。

老人回答道："我先给你演示一下。"说着，老人丢下一只桨，只用刻着"工作"的那支桨划动小船，小船在水中转了一圈。然后，老人又捡起"理想"，丢下"工作"，继续划船，小船调了一个方向，仍旧在水中转了一个圈。之后，老人同时拿起"理想"和"工作"两只桨划动小船，小船快速向前驶去。

老人望着年轻人，意味深长地说道："划船就如同人生，用'理想'和'工作'两只桨来划，你就能划到彼岸；如果丢掉其中任何一只，你就只能永远在原地打转转了。"

感悟：理想和工作（实践）就像一艘船的两只桨一样，缺一不可。只有将二者巧妙地同时划动，才能保证快速前行、到达彼岸，否则就会原地打转、一事无成。

茅以升立志造桥的故事

茅以升是我国著名的桥梁专家。小时候，他家住南京，离他家不远的地方就是秦淮河。每年端午节，秦淮河上都要举行龙船比赛。船上、岸上锣鼓喧天，一派热闹的景象。茅以升跟所有的小伙伴一样，一心盼望着观看赛龙舟。

有一年端午节，茅以升病倒了。小伙伴们都去看赛龙舟，茅以升独自躺在床上，等着小伙伴们回来，给他讲述赛龙舟的盛况。可是，等啊等啊，小伙伴们直到傍晚才回来。茅以升兴奋地说："快给我讲讲，今天的场面有多热闹？"小伙伴们脸色沉重，老半天才说出一句话："秦淮河出事了！""出了什么事？"茅以升吃了一惊。"看热闹的人太多，把河上的那座桥压塌了，好多人掉进了河里！"听了这个不幸的消息，茅以升非常难过。

病好之后，茅以升一个人跑到秦淮河边，在断桥边立下誓言：我长大后一定要做一名桥梁建筑师，建的大桥结结实实，永远不会倒塌！从此以后，茅以升特别留心各式各样的桥，看书看报的时候，遇到有关桥的资料，他都细心收集起来。日积月累，他收集了很多造桥的知识。经过勤奋学习、刻苦钻研，茅以升终于实现了自己的理想，成为世界著名的桥梁专家。

感悟：社会理想是个人前进的奋斗目标，是人生的精神支柱。而社会理想同时也离不开个人理想这个坚实的基础。只有结合了个人理想的社会理想才会有实现的可能，也只有结合了社会理想的个人理想才会更加崇高。

五、延伸学习

理　想

——流沙河

理想是石，敲出星星之火；
理想是火，点燃熄灭的灯；
理想是灯，照亮夜行的路；
理想是路，引你走到黎明。
饥寒的年代里，理想是温饱；
温饱的年代里，理想是文明；
离乱的年代里，理想是安定；
安定的年代里，理想是繁荣。
理想如珍珠，一颗缀连着一颗，
贯古今，串未来，莹莹光无尽。
美丽的珍珠链，历史的脊梁骨，
古照今，今照来，先辈照子孙。
理想是罗盘，给船舶导引方向；
理想是船舶，载着你出海远行。
但理想有时候又是海天相吻的弧线，
可望不可即，折磨着你那进取的心。
理想使你微笑地观察着生活；
理想使你倔强地反抗着命运。
理想使你忘记鬓发早白；
理想使你头白仍然天真。
理想是闹钟，敲碎你的黄金梦；
理想是肥皂，洗濯你的自私心。
理想既是一种获得，

理想又是一种牺牲。
理想如果给你带来荣誉，
那只不过是它的副产品，
而更多的是带来被误解的寂寥，
寂寥里的欢笑，欢笑里的酸辛。
理想使忠厚者常遭不幸；
理想使不幸者绝处逢生。
平凡的人因有理想而伟大；
有理想者就是一个“大写的人”。
世界上总有人抛弃了理想，
理想却从来不抛弃任何人。
给罪人新生，理想是还魂的仙草；
唤浪子回头，理想是慈爱的母亲。
理想被玷污了，不必怨恨，
那是妖魔在考验你的坚贞；
理想被扒窃了，不必哭泣，
快去找回来，以后要当心！
英雄失去理想，蜕作庸人，
可厌地夸耀着当年的功勋；
庸人失去理想，碌碌终生，
可笑地诅咒着眼前的环境。
理想开花，桃李要结甜果；
理想抽芽，榆杨会有浓阴。
请乘理想之马，挥鞭从此起程，
路上春色正好，天上太阳正晴。

第三节　理想信念与意志责任

一、学习导航

1．理想与信念

（1）理想与信念的含义

（2）理想信念对人生成长的重要作用

（3）理想的实现是有条件的

2．实现理想要有坚定的信念

（1）坚定的信念是实现理想所必须具备的主观条件

（2）青年学生要有坚定的信念

3．实现理想要有坚强的意志

（1）坚强的意志是实现理想所必要的主观条件

（2）增强意志为实现理想提供保证

（3）青年学生要加强意志锻炼

4．实现理想要有自觉的人生责任

（1）理想的实现离不开个人的责任

（2）人生要有强烈的社会责任感

二、重难点解析

（一）理想信念对人生成长的重要作用

在人才的综合素质中，思想道德素质居于重要地位，而理想信念又是思想道德素质的核心。中职生不仅较系统地掌握了某一方面的专业知识，而且拥有较系统的实际操作能力，是我国未来产业大军的重要来源。青年学生所肩负的历史使命决定了对学生进行理想信念教育的重要性。

理解这一问题，需要明确以下几点：

（1）理想与信念的关系。理想与信念相互区别，又密切联系。

（2）关于理想信念的认识误区。一是“以理想来否定现实”。有人用“明天”的标准来衡量和要求今天的现实，当发现现实并不符合理想的时候，就对现实大失所望，甚至极为不满。这样发展下去可能会导致对社会现实采取全盘否定的态度，逃避或反对现实社会。二是“以现实来否定理想”。有人认为理想是美好的，但现实中的一些腐败现象则令人失望，因此对理想的实现表示怀疑，甚至丧失信心，陷入拜金主义、享乐主义和极端个人主义的泥潭而不能自拔。这些思想认识是非常片面的。我们决不能因为理想和现实存在着矛盾，就怀疑历史发展规律并对理想产生动摇。

（3）在实践中化理想为现实。理想是在实践中形成的，也只有在实践中才能实现。个人理想的实现要靠每个人的实际行动，只有在实践中踏踏实实，从小事做起，一个一个地实现近期目标，逐渐积累，才有可能实现远大理想。

（二）青年学生要具有实现理想所必需的信念、意志与责任

此问题是本节的落脚点，中职生正处于人生目标、理想信念的形成时期，没有经过社会的历练，将理论落实到学生实际有一定困难，因此将其确定为本节的重点与难点。

理解这一问题，需要明确以下几点：

（1）坚定的信念是实现理想所必须具备的主观条件。在实现理想的过程中，信念是战胜各种困难的支撑力量、集中精力的凝聚力量、持之以恒的稳定力量和聚集各方的感召力量。

（2）坚强的意志是实现理想所必要的主观条件。人的意志与克服困难相联系，克服困难的过程就是意志行动的过程。

（3）理想的实现离不开个人的责任。一个有了崇高理想的人，也应当是一个高度负责的人。

三、自主演练

（一）单项选择题

1．理想信念是一种（　　）。

A．精神现象　B．物质现象　C．经济现象　D．逻辑现象

2．下列有关理想与信念的说法中，错误的是（　　）。

A．理想是信念的延伸和体现

B．信念是理想的基础和支撑

C．理想和信念是人类所特有的一种精神状态

D．理想是人的一种能力

3．在当今我国的知识分子群体中，具有崇高理想的人不在少数。但仅具有这些还是远远不够的，更重要的是要身体力行，将理想转化为实践，并为之奋斗终生。这表明（　　）。

A．崇高理想并非为知识分子所特有

B．理想与现实有着严格的区别

C．理想都是可以转化为现实的

D．理想的实现需要艰苦奋斗

4．在科学上没有平坦的大道，只有不畏辛苦沿着陡峭山路攀登的人，才有希望到达光辉的顶点。这句话说明（　　）。

A．为了达到自己的目的，可以不择手段去追求

B．理想能否转化为现实，受到当时社会现实的限制

C．理想的实现要靠艰苦奋斗，要付出辛勤的劳动

D．理想是人生的精神动力

5．荀子说："锲而舍之，朽木不折；锲而不舍，金石可镂。"这句话告诉我们（　　）。

A．遇事要有主见　　　　B．有了坚强意志就一定能成功

C．成功需要坚强意志　　D．要善于约束自己

6. “大雪压青松，青松挺且直。”这说明（　　）。

A. 经过奋斗，每个人都可以为社会做出贡献

B. 实现人生价值，必须全面提高个人素质

C. 实现人生价值，必须在自己的岗位上发挥聪明才智

D. 实现人生价值，必须有百折不挠、顽强奋斗的精神

7. 青年学生参加社会公益活动，（　　）。

A. 对自身而言，只有付出，没有收获

B. 是积极承担社会责任的表现

C. 对社会有益，对自己无利

D. 给别人带来幸福，给自己带来不便

（二）简答题

1. 理想信念对人生成长具有哪些重要作用？

2. 青年学生应如何培养坚定的信念？

（三）分析题

林俊德入伍52年，参加了我国全部核试验任务，为国防科技和武器装备发展倾尽心血，在癌症晚期，仍以超常的意志工作到生命的最后一刻。

2012年5月4日，他被确诊为“胆管癌晚期”。为了不影响工作，他拒绝手术和化疗。5月26日，因病情突然恶化，他被送进重症监护室。醒来后，他

强烈要求转回普通病房，他说：“我是搞核试验的，一不怕苦，二不怕死，现在最需要的是时间。”

林俊德在住院期间，整理移交了一生积累的全部科研试验技术资料；多次打电话到实验室指导科研工作。5月31日上午，已极度虚弱的林俊德先后9次向家人和医护人员提出要下床工作。于是，病房中出现了震撼人心的一幕：病危的林俊德在众人的搀扶下，向数步之外的办公桌，开始了一生最艰难也是最后的冲锋……

林俊德的事例体现了什么精神？给我们什么启示？

四、人生感悟

责　任

张桂梅，女，中共党员，云南省丽江华坪女子高级中学党支部书记、校长。

她膝下没有儿女，却是170多个孩子的“妈妈”；她推动创建了全国第一所免费女子高级中学，让越来越多的贫困山区女孩圆了大学梦；她倾心倾力帮助困难群众，将积蓄全部用于兴教办学、扶贫济困。张桂梅用爱点亮乡村女孩的人生梦想。

1957年出生的张桂梅，是一位从教40余年的资深老教师。2001年起，张桂梅一边在中学当老师，一边兼任华坪县儿童福利院院长。福利院创办以来，共计接收了172名孤儿，张桂梅一直义务担任院长。她将每一个孩子都视如己出，教他们读书识字，引导他们养成良好的卫生习惯，树立正确的人生观、价值观。

长期从事教书育人工作和儿童福利院的管理经历，让张桂梅认识到山区教育水平较低，其中女孩受教育的程度更低，她决心帮助更多山区女孩走出大山。2002 年起，张桂梅开始为这个“很难实现”的梦想四处奔走，争取支持帮助。2008 年 8 月，全国第一所全免费的女子高级中学——丽江华坪女子高级中学建成。

学校建成当年便招收了来自丽江市华坪、永胜、宁蒗等地区的 100 名女孩。可没多久，第一年招收的学生中有 6 人提出退学。如何留住山区的女孩子？她又开启了艰难的家访路。很多学生的家位于路况极差的山区，两个假期里，张桂梅即便马不停蹄也只能走访一个年级学生的家，途中她摔断过肋骨、迷过路、发过高烧、旧疾复发晕倒过，但她从未放弃，一条家访路坚持了 10 多年。做通了思想工作，越来越多的女孩走进校园，用知识改变命运。建校以来，已有 1 804 名贫困山区女孩走进大学完成学业，在各行各业为社会作贡献。

张桂梅扎根和服务偏远地区，践行着共产党人的初心使命。她经常自掏腰包给群众治病、修路、建水窖，帮助群众协调纠纷、化解矛盾、发展产业。她艰苦朴素，对自己近乎“抠门”，却时时想着群众，把工资、奖金甚至社会捐助的诊疗费累计 100 多万元都捐出来，用在了兴教办学、扶贫济困。2006 年，云南省政府奖励的 30 万元，她全部捐给了一座山区小学用来改建校舍。

张桂梅被授予“七一勋章”，荣获全国脱贫攻坚楷模、全国优秀共产党员、“时代楷模”、全国三八红旗手等称号，当选“感动中国”2020 年度人物，荣登“中国好人榜”。

感悟：半生奉献，青丝变华发，岁月改变了张桂梅的容颜，但磨灭不掉的是她“让山区女孩走出大山”的坚定信念，崇高的责任感让她扎根山区为教育事业付出了所有。

五、延伸学习

培养意志品质

“磨炼法则”对于培养克己自制的品质至关重要。举个例子，第一位成功征服珠穆朗玛峰的新西兰人埃德蒙·希拉里在被问起是如何征服这座世界最高峰时，希拉里回答道：“我真正征服的不是一座山，而是我自己。”这种优秀的

品质就叫做意志力、自制力。实际上，你也完全可以从每天做一些并不喜欢的或原本认为做不到的事情开始，在“磨炼法则”的作用下，开发出自己更强的意志力。

只有通过实践锻炼，才能够真正获得意志力。也只有依靠惯性和反复的自我控制训练，我们的神经才有可能得到完全的控制。从反复努力和反复训练意志的角度而言，意志力的培养在很大程度上就是一种习惯的形成。

最有效、方便、实际的建议是每天早上做 5 公里慢跑。不论严寒酷暑、刮风下雨，都要坚持。早上在床上的每一分钟都是如此让人珍惜，特别是冬天赖在被窝里为起床做着激烈的思想斗争，而且长跑又艰苦乏味，还会让人腰酸背痛，可真是名副其实的苦差事，所以在这个过程中你就可以得到磨炼。从一开始的新鲜到讨厌到痛苦到迷茫，你可以想象马克·吐温的一句话，来解释如何做到克己自制：“关键在于每天去做一点自己心里并不愿意做的事情，这样，你便不会为那些真正需要你完成的义务而感到痛苦，这就是养成自觉习惯的黄金定律。”

只要你坚持，随着身体状况慢慢变好，跑步逐渐变得轻松起来，这份苦差事似乎不再那么恐怖了。尽管早期仍然有点儿困难，有点儿费劲，但似乎可以克服。一切都变得越来越容易，越来越自然，到最后晨跑成了一个习惯，成了日常行为的一部分，不用强迫自己，每天的晨跑成了自然而然的事情。这样通过每天跑步的“磨炼”，使你的自律能力、决心、意志都得到锻炼和提高。

第五章　在社会中发展自我，创造人生价值

第一节　人的本质与利己利他

一、学习导航

1．人的本质具有社会历史性

（1）自然属性是人生存发展的生理基础

（2）社会属性是人的本质属性

（3）人是自然属性和社会属性的统一

（4）把握人的本质，积极融入社会

2．个人与社会密不可分

（1）要正确处理个人与社会的关系

（2）要正确处理个人与集体的关系

（3）要正确处理个人、集体与社会的关系

3．正确处理公与私、义与利的关系

（1）正确处理公与私的关系

（2）正确处理义与利的关系

4．正确处理利己与利他的关系

（1）利己与利他的关系

（2）如何正确处理利己与利他的关系

二、重难点解析

（一）社会性是人的本质属性

从哲学观点上看，这是马克思主义科学人生观的基本理论，揭示了人区别于其他动物的特殊本质。只有深刻把握人的本质，才能正确处理个人与社会的关系，明确社会进步对人的全面发展的客观要求，自觉地在社会中发展自我，积极融入社会，创造人生价值。

理解这一问题，需要明确以下几点：

（1）人的社会属性比较抽象，需要把人置身于一定的社会关系中去理解，而社会关系又是非常复杂的。人的本质不是讲某个人的本质，不是讲外表特征，而是本质特征。人的本质属性只是与其他动物相比较而言的，强调本质属性不等于唯一属性，人类还有其他属性，人的自然属性也要受社会属性的影响。

（2）人的本质是现实的、具体的。马克思主义认为人的本质于是与生俱来、固定不变的，人的本质是在特定的社会历史条件下具体的社会关系中形成的，是现实的、具体的、活生生的。

（3）人的本质形成是一个由自然人向社会人转化的过程，即社会化过程。人从出生的那一天起，就置身于社会关系之中，首先是家庭关系。随着年龄增长，生活内容丰富，他所接触的社会面逐渐扩大，人在各种关系中成长，如民族关系、地缘关系、业缘关系、生产关系、政治关系、法律关系、道德关系等，在这些关系的耳濡目染中，才使一个人转变为掌握一定社会文化，学会参与社会活动和人际交往，并具有一定社会角色意识的社会人，这既是自我本质形成的过程，又是自然人走向社会人的社会化过程。

（二）个人与社会的关系

这是人的本质属性和个人与社会关系问题的结合点，引导学生正确处理个人、集体和社会三者的关系，提倡在个人与社会的统一中，实现自己的人生目标，把人生目标、社会发展和学习实践结合起来，把人的本质属性与分析人生行动、指导人生行动结合起来，发挥聪明才智，做对社会有用的人，在社会奉献中实现自身价值。

理解这一问题，需要明确以下几点：

（1）人和社会是一对永恒的矛盾，有人就有社会，有社会也必然有人，不可能设想没有人的社会和没有社会属性的人。因此，人生问题不可能撇开社会层面考察孤立的人生。人从出生那天起就注定了要接受现实社会的给予，同时也要通过与他人、社会的相互作用度过自己的人生，脱离社会的个人奋斗是不现实的。

（2）辩证唯物主义的义利观是科学人生观的一个基本理论，对公与私、义与利问题的不同回答体现了不同的人生价值观，学习无产阶级的公私观、义利观，是帮助学生提升人生价值的理论基础。因此，学生应树立社会主义的荣辱观，培养大公无私、先人后己、公而忘私的高尚情操。

三、自主演练

（一）单项选择题

1.（　　）既是人类得以生存和延续的前提条件，又是人与其他动物的相通之处。

A．人的物质性　　B．人的客观性

C．人的自然属性　　D．人的社会属性

2．人的本质属性是人的（　　）。

A．阶级性　B．社会性　C．自然性　D．能动性

3．以下关于人的本质的说法中，正确的是（　　）。

① 人的本质就是动物性

② 人的本质是一切社会关系的总和

③ 人的本质归根结底是由社会关系中的经济关系决定的

④ 人的本质处在发展变化之中

A．①②③　B．①②④　C．①③④　D．②③④

4.《鲁滨逊漂流记》中的主人公恰克只身被困荒岛却生存了下来，这说明（　　）。

A．人可以脱离社会独立生存

B．恰克具有超能力

C．人定胜天

D．恰克离开社会只是空间形式上的，实质上他是凭借社会经验与能力而“独立生存”的

5．人们常说：“个人像大海中的一滴水。”这句话体现的哲理是（　　）。

A．人的生存离不开社会

B．社会的存在和发展离不开个人的活动

C．个人与社会相互依存、密不可分

D．社会比个人更为根本，更起决定作用

6.“千手观音”这个舞蹈节目创造了一个让人为之震撼、庄严的意境。舞蹈的主题是“爱”与“善”：如果你伸出一只手去帮助别人，别人就会伸出一千只手来帮助你。这一主题诠释了（　　）。

A．个性寓于共性之中

B．人的社会性制约着人的自然性

C．个人与社会的辩证关系

D．实现人生价值需要提供一定条件

7.“能群者存，不能群者灭；善群者存，不善群者灭。”这句话给我们的启示是（　　）。

① 要坚持集体主义的价值取向　② 要利用集体去谋取个人利益

③ 人民群众是历史的创造者　④ 人的生存和发展离不开社会

A．①②　　B．②③

C．①④　　D．②④

8.“送人玫瑰，手留余香”给我们的启示是（　　）。

A．积极争取个人利益

B．关爱他人就是关爱自己，尊重他人就是尊重自己

C．个人的发展离不开与他人的协作

D．世界是普遍联系的

9．以下有关个人利益与“自私”的说法中，正确的是（　　）。

A．追求个人利益必然导致“自私”

B．追求个人利益就是“自私”

C．把个人利益与“自私”等同起来是不对的

D．个人利益与“自私”观念同时产生

10．“各人自扫门前雪，莫管他人瓦上霜”的做法是（　　）。

A．错误的，没有坚持利己与利他的统一

B．错误的，没有用长远的眼光看问题

C．正确的，维护了个人利益

D．没有对错之分，是个人处理问题的自由

（二）简答题

1．人的社会属性表现在哪些方面？

2．中职生应如何处理公与私的关系？

（三）分析题

在非洲大草原上，如果见到羚羊在奔跑，那一定是狮子来了；如果见到狮子在躲避，那一定是象群发怒了；如果见到成千上万的狮子和大象集体逃跑的壮观景象，那是什么动物来了呢？那是无坚不摧的“团队”——蚂蚁军团。

上述材料给了我们什么启示？

四、人生感悟

两个人的世界有多好

传说很久以前，有一个年轻的小伙子，一天夜里，他躺在床上想入非非，自言自语地说:“这世界上如果只留下我和一个漂亮的姑娘,并让她做我的妻子，那该多好啊!”

他刚说完，忽然间狂风大作，飞沙走石。大风过后，只有他和一个漂亮的姑娘面对面地坐着，其他的一切都消失了。

这时那位姑娘说道：“哎！我说夫君啊！你要世界上只留下咱俩，那我们靠啥过活啊!”小伙子听了觉得有道理，就说道：“我的贤妻啊，你想得真是太周到了，那就出现一些田地和农夫吧。”话音刚落，他的眼前便出现了一些田地和农夫，农夫们已经开始在田地里耕作了。

这时，他的妻子又跺跺脚说："夫君啊！你真是太糊涂了，光有谷，没有水和柴，谷子不碾成米，怎样煮饭吃啊！"小伙子听了拍了拍脑袋说："那就留下山林、水井、樵夫和风车吧！"说着，这些东西就都来了。

姑娘又低头想了想，着急地说："不行，不行，没有锅，我们怎样烧饭？没有床、被子、枕头，我们怎样睡觉呢？要有床，就要有木工；要有被子、枕头，就要有种棉、纺纱和织布的人……"小伙子听了姑娘的话，又要来了木工、种棉人、纺纱人和织布人……

就这样，姑娘点一样，小伙子就要一样，不到一会儿工夫，世界又恢复了原来的样子。小伙子心里一惊，醒来了，原来是一场梦。

感悟：人具有社会属性，人不可能脱离社会而孤立地生存和发展。

逃命的野牛

荒野茫茫，一群野牛在河边饮水。此时，狮子在河岸边的蒿草中潜伏着、偷窥着。突然，几只狮子奔腾而出，数十头野牛一哄而散。有一只狮子的利爪抓住一头十分健壮的水牛的屁股。这是狮子对付野牛的惯技：一只咬住牛的屁股，另一只迅速冲到牛的前面，前后夹击，趁机下手。这时候的野牛处于头背受敌的两难境地。终于，前面的狮子瞅准了一个机会，避开锋利的牛角，一口咬住了牛嘴。几下僵持，直到牛的体力不支，轰然倒地。狮子顺势扭断战利品的脖子，使其断气。

在狮子厮杀一头野牛的时候，那数十头野牛在做什么呢？它们就在不远处隔岸观火。

感悟：集体的力量是无穷的，个人的成长离不开集体的合作。即使是壮如野牛，如果自私自利，只顾自己，不能形成一个整体，也难逃被捕杀的厄运。

盲人点灯

有一个盲人走夜路时，手里总是提着一个灯笼。别人看了很好奇，就问他："你眼睛看不见，为什么还要提灯笼呢？" 盲人说："我提灯笼不是为自己照路，而是让别人看到我、不会碰到我。"

感悟：为别人照路，也照亮自己。利己和利他是人生经常遇到的一对矛盾，最佳的选择应该是在利他中实现利己。

五、延伸学习

当代社会关系和人的本质的变化趋势

第一，经济全球化的趋势增强了各国之间的相互交往、相互作用和相互依赖，产生了人类需要共同关注的全球性问题，如环境问题、贫困问题、暴力问题等。这些时代特点反映在人与人、人与社会的关系之中，使人们形成协作、对话、交流、理解的思维方式。在各种矛盾关系中，人们更多地从同一性方面去寻求解决的途径和方法。

第二，信息网络化时代使人类生产劳动趋于智能化，会逐步缩小体力劳动和脑力劳动的差别。信息交流方式和教育方式的改变，会消除地域、城乡之间的差别。经济、社会运行的法制化、程式化，会使人们的行为逐步趋同、规范。

第三，世界范围内各国之间的开放及对话交流与合作使各种文化、价值观念相互影响、渗透，使人们的思想观念、价值观念、道德观念多元化。社会文明与进步，使人的全面发展有了一定的条件。人们文化素质的提高，使人的主体意识增强，主体人格精神由"归属型""自尊型"向"自我实现型"转化。随着社会劳动职业化，人们的人格精神会出现职业化特征。

当然，还要看到，当前经济全球化是以发达国家为主导的。经济上发达的资本主义国家利用经济全球化推行霸权主义，扩大发达国家与不发达国家之间的差距，引起地区冲突和民族冲突，影响世界和平。这些也会反映在人们的头脑和观念中，使人们产生对西方文化、西方价值观的反感与抵触，出现所谓的“反全球化”思潮。

第二节　人生价值与劳动奉献

一、学习导航

1．社会价值与自我价值的统一

（1）人生价值是社会价值与自我价值的统一

（2）人生的真正价值在于对社会的贡献

2．人生价值的实现

（1）客观条件

（2）主观条件

3．在劳动创造中实现人生价值

（1）劳动是创造社会财富的活动

（2）劳动是体现人的本质力量、提升主体能力的活动

（3）在诚实劳动中奉献社会，实现人生价值

4．树立正确的苦乐观和生死观

（1）正确看待苦与乐

（2）正确看待生与死

（3）以正确的苦乐观和生死观来提升人生价值

二、重难点解析

（一）人生价值是社会价值与自我价值的统一

人生价值问题是人生观的根本问题，是本节的基本哲学观点，也是学习、理解、运用本章其他知识要点的基础。

理解这一问题，需要明确以下几点：

（1）人生价值包括社会价值与自我价值两个方面。其中，社会价值是个人对社会的责任和贡献，体现了个人行为对社会和他人的意义；自我价值是社会对个人需要的尊重和满足，体现了社会对个体存在和个体对自身存在的意义。

（2）社会价值与自我价值是辩证统一的。二者相互联系、密不可分，社会价值是人的根本价值，是自我价值实现的基础。

（3）马克思主义人生价值观认为，人生的真正价值在于对社会的贡献。个人对社会的贡献包括物质贡献和精神贡献两个方面。

（二）在劳动创造中实现人生价值

此问题是引导学生实现人生价值的关键，是本节的落脚点。学生只有对这一问题有了正确认识，才可能理解并实践在劳动中奉献社会，实现人生价值。

理解这一问题，需要明确以下几点：

（1）理解劳动的概念。劳动是人类在自身智力的支配下，通过各种方式和手段创造社会财富以满足人类日益增长的物质、精神等方面需要的有目的的活动。

（2）明确诚实劳动的要求。诚实劳动，就要自觉守法，不搞歪门邪道；热爱本职岗位，不见异思迁；踏实肯干，不虚荣浮躁；锐意创新，不故步自封。

三、自主演练

（一）单项选择题

1.“天下皆贫我独富，我富也贫；天下皆富我亦富，此为真富。”这种致富观蕴含的人生哲理是（　　）。

① 个人对社会的贡献主要是精神贡献

② 人生价值是社会价值和自我价值的统一

③ 实现人生价值首先要重视自我价值

④ 个人活动离开社会发展是没有意义的

A．①③　　B．②④

C．①②　　D．③④

2.“没有人富有得可以不要别人的帮助，也没有人穷得不能在某方面给他人帮助。”这句话意在说明（　　）。

A．个人和社会相互依存、密不可分

B．对社会贡献的大小决定了人生价值的高低

C．有价值的人生不应考虑个人利益

D．处理好个人与他人的关系是实现人生价值的根本途径

3．德国诗人歌德说过：“你要喜欢自己的价值，你就得为世界创造价值。”这表明（　　）。

A．人生价值的两个方面是没有矛盾的

B．社会价值就是自我价值

C．人的社会价值与自我价值是统一的

D．自我价值是人的根本价值

4.“国而忘家，公而忘私，利不苟就，善不苟去，唯义所在。”贾谊的这句话体现了（　　）。

A．理想来源于现实，又等同于现实

B．人生的真正价值在于对社会的贡献

C．个人活动与社会发展之间存在着密切的关系

D．矛盾双方在一定条件下各向自己相反的方向转化

5．当代管理界有句名言：“智力比知识更重要，素质比智力更重要，品德比素质更重要。”这种人才标准告诉我们（　　）。

A．人生价值是通过人的智力、素质、品德表现出来的

B．人生的价值观不同，追求的目标就不同

C．智力、素质、品德成为衡量人生价值大小的条件

D．实现人生价值应全面提高自身素质，端正人生方向

6．如果你是一滴水，你就得滋润大地；如果你是一缕阳光，你就得照亮一分黑暗；如果你是一粒粮食，你就得哺育生命。这段话告诉我们（　　）。

① 要在个人利益与社会利益的统一中实现价值

② 要在劳动和奉献中创造价值

③ 正确的价值选择只许顾及他人

④ 要在实现自我中走向成功

A．①②　　B．③④　　C．①③　　D．②④

7．雷锋有一句名言："我觉得要使自己活着，就是为了使别人生活得更美好。"这句话体现了（　　）。

A．每个人活着都是为了他人

B．人活着就是为了自己

C．人的价值在于对社会的贡献

D．人只有社会价值，没有个人价值

8．著名文学家高尔基曾经说过："人的天赋就像火花，它既可以熄灭，也可以燃烧起来。而逼使它燃烧成熊熊大火的方法只有一个，就是劳动，再劳动。"从人生价值观的角度来看，这样强调的原因是（　　）。

A．实践能决定认识

B．实践是检验真理的唯一标准

C．劳动是实现人生价值的必由之路

D．实现人生价值要全面提高自身素质

9．胡锦涛同志希望广大群众特别是青年要树立社会主义荣辱观，从哲学角度看是因为（　　）。

① 价值观对人生道路的选择具有重要导向作用

② 价值观对人们认识世界和改造世界有重要导向作用

③ 社会主义荣辱观是引导青少年健康成长的决定因素

④ 改造主观世界是为了更好地改造客观世界

A．①②③　　B．①③④

C．①②④　　D．②③④

10. 巴金的名言:“为追求光和热，人宁愿放弃自己的生命。生命是可爱的，但寒冷的、寂寞的生，却不如轰轰烈烈的死。”对此正确的理解是（　　）。

A．人可以不珍惜生命

B．人要生得有意义，死得有价值

C．人不应该在寒冷、寂寞中生活

D．每个人都应该轰轰烈烈地死

（二）简答题

1．如何认识社会价值与自我价值的关系？

2．实现人生价值的主观条件有哪些？

（三）分析题

1．有人说：“人生的价值既不在于对社会的责任与贡献，也不在于是否得到社会对自己的承认,而在于自身的体验,无愧于自己内心就是有价值的人生。”

你同意上述说法吗？为什么？

2. 小赵从某中职学校毕业后，立志于新农村建设，被评选为村长助理。他利用自己所学专业的优势，办起了一家化工厂。由于该村地处山区，交通不便，产品没有销路，而且污染又大，村民普遍反对。小赵认真反思，广泛听取群众意见，关闭了化工厂。

经过对本村实际的调研，小赵指导村民种植翠冠梨，效益很好。他还学习市场营销知识，帮助村里开通了网站，让外界更多地了解该村的翠冠梨。在发展梨种植业的基础上，他还带领村民开办梨加工企业，村民收入大为提高。小赵因此也成了一位群众欢迎、上级认可的优秀青年。

请根据上述案例，运用人生价值的有关知识分析小赵的行为。

四、人生感悟

生命的价值

有一个生长在孤儿院的小男孩，他常常悲观地问院长："像我这样没人要的孩子，活着究竟有什么意思？"院长总是笑而不答。

有一天，院长交给男孩一块石头，叫他到市场上去卖，并告诉他无论别人给多少钱都不要卖出去。

第二天，男孩拿着石头蹲在市场的角落，不少好奇的人对石头感兴趣，而且价钱越出越高。男孩兴奋地跑去报告院长，院长笑笑，叫他明天拿到黄金市场上去卖，在黄金市场上有人出价比第一天高10倍。

最后，院长叫男孩把石头拿到宝石市场上展示，结果石头身价又涨10倍。由于男孩怎么都不肯卖，这石头竟被传为"稀世珍宝"。

男孩兴冲冲地回到孤儿院，问院长为什么会这样。院长笑笑说："生命的价值就像这石头一样，在不同的环境下就会有不同的意义。一块不起眼的石头，由于你的珍惜、惜售而提升了它的价值，竟被传为稀世珍宝。你不就像这石头一样？只要自己看重自己，自我珍惜，生命就会有意义、有价值。”

感悟：每个人的生命都是有价值的，只要珍惜自己，不断地充实、发展自己，就会得到世界的认同。

全国劳动模范代表

在各个历史时期，劳动模范始终是我国工人阶级中一个闪光的群体，享有崇高声誉，备受人民尊敬。

在革命战争年代，“边区工人一面旗帜”赵占魁、“兵工事业开拓者”吴运铎、“新劳动运动旗手”甄荣典等劳动模范，以“新的劳动态度对待新的劳动”，积极参加义务劳动，全力支援前线斗争，带动群众投身中国共产党领导的人民解放事业。

1949年后，“高炉卫士”孟泰、“铁人”王进喜、“两弹元勋”邓稼先、“知识分子的杰出代表”蒋筑英、“宁肯一人脏、换来万人净”的时传祥等一大批先进模范，响应党的号召，带动广大群众自力更生、奋发图强。王进喜以“宁肯少活20年，拼命也要拿下大油田”的气概，带领石油工人为我国石油工业发展顽强拼搏，“铁人精神”“大庆精神”成为激励各族人民意气风发投身社会主义建设的强大精神力量。

在改革开放历史新时期，“蓝领专家”孔祥瑞、“金牌工人”窦铁成、“新时期铁人”王启明、“新时代雷锋”徐虎、“知识工人”邓建军、“马班邮路”王顺友、“白衣圣人”吴登云、“中国航空发动机之父”吴大观等一大批劳动模范和先进工作者，干一行、爱一行，专一行、精一行，带动群众锐意进取、积极投身改革开放和社会主义现代化建设，为国家和人民建立了杰出功勋。

感悟：人民创造历史，劳动开创未来。实现我们的奋斗目标，开创我们的美好未来，必须依靠辛勤劳动、诚实劳动、创造性劳动。

让生命多一些痛苦

幽静的树林中长着一颗高大挺拔的树，它非常欣赏自己的身材，并引以为傲。

有一天，来了一只啄木鸟，停在树上，它听到树干里有许多小虫啃噬的声音。啄木鸟便用长嘴在树干上啄出一个个洞，准备将虫一一吃掉。

这棵树非常生气，它不能忍受自己美丽的枝干被一个个的洞破坏掉，因此，大树开口责骂啄木鸟并把它赶走。

于是，小虫在树干里长大并生出了更多的小虫，它们不断地啃噬树干，逐渐把它吃空了。有一天，一阵大风刮过来，这棵大树就拦腰折断了。

感悟：草木不经风霜则生命不固，人若不经忧患则德慧不成。人若不经历痛苦的洗礼，就会像温室里的花朵，一旦移出室外，必定枯萎而死。

五、延伸学习

用辛勤劳动创造幸福生活

幸福，是人类孜孜以求的理想生活状态；追求幸福，是每个人天经地义的权利。然而，什么是幸福？如何谋求幸福？不同的人会作出不同的理解、采取不同的手段。

有的人把锦衣玉食当成一种幸福，满足于个人财富的积累和物质生活的富有；有的人把不劳而获当成一种幸福，饭来张口、衣来伸手，把个人幸福建立在他人劳动与奉献的基础之上；有的人为了谋求所谓幸福生活，不惜坑蒙拐骗、巧取豪夺，以侵犯他人利益乃至生命作为代价；有的人把幸福等同于权力+金钱，依仗手中权力谋求私利、经营幸福，以至陷入腐败泥淖不能自拔。如此种种行为，折射出狭隘的、腐朽的幸福观、人生观和价值观。这不仅与马克思主义的幸福观背道而驰，而且与我们正在进行的中国特色社会主义事业所深蕴的幸福含义和幸福要求根本相悖。

劳动创造幸福，是马克思主义的最基本观点，是马克思主义幸福观的最根本内涵。马克思主义创始人运用唯物史观洞察人类进化过程和人类社会的本质，明确指出，人类社会区别于动物界的根本特征就是“劳动”。党的十八大报告强调：“要尊重劳动、尊重知识、尊重人才、尊重创造”，要“营造劳动光荣、创造伟大的社会氛围，培育知荣辱、讲正气、作奉献、促和谐的良好风尚。”认清劳动的本质与意义，把对幸福生活的追求建立在辛勤劳动的基础之上，这是作为“人”的起码的品质与准则。

劳动创造幸福，是中国特色社会主义的最基本要求，是全面建成小康社会、实现中华民族伟大复兴的最根本路径。劳动创造幸福，是中华民族的传统美德，是每一个怀揣“中国梦”的中国公民必须具备的最基本素质。我们应传承、弘扬中华民族的传统美德，热爱劳动，尊重劳动，用自己勤劳的双手、汗水与智慧创造幸福美好的生活。

第三节　人的全面发展与个性自由

一、学习导航

1．人的全面发展

（1）人的全面发展的含义

（2）人的全面发展的条件

2．人的个性自由

（1）人的个性自由的含义

（2）个性自由与社会约束的关系

（3）个人自由与他人自由的关系

3．人的全面而自由的发展是社会进步的最高目标

（1）全面发展与自由发展的关系

（2）社会进步与人的全面自由发展的关系

（3）在现有社会条件下积极推动人的全面自由发展

4．促进人的全面自由发展，实现美好人生

（1）美好人生把握在自己手中

（2）正确认识自己，创造自己的美好人生

二、重难点解析

（一）人的个性自由

从哲学上说，要正确理解和把握个性自由的问题，就必须坚持马克思主义哲学的基本观点，坚持主观与客观的统一，坚持自由是对必然的认识的基本观点。反对脱离客观实际，脱离客观规律的纯粹的主观上的自由，反对把自由看成是主观任意的。

理解这一问题，需要明确以下几点：

（1）理解个性自由的内涵。一方面，自由是建立在对必然性的认识基础之上的，不是主观任意的，不是头脑中想象的；另一方面，个性自由也表现了人的个性的多样性和丰富性，不同的人有不同的特点和优势，因此，不同的人也会选择不同的人生道路。

（2）理解个性自由与社会约束之间的关系。

（3）理解个人自由与他人自由之间的关系。个人的自由发展是以其他所有人的自由发展为前提的，任何人都不可能脱离社会、脱离他人的发展来谈自己个人的自由发展。

（二）人的全面而自由的发展是社会进步的最高目标

马克思主义关于人的全面发展理论是马克思主义理论的重要组成部分。马克思指出，共产主义社会是“自由人的联合体”，是以“每个人的全面而自由的发展为基本原则的社会形式”。每个人都能得到全面而自由的发展，这是说：一方面，每个人都能获得和其他人一样的合乎社会各方面要求的全面发展；另一方面，每个人都能获得个人自身全面发展的条件。此外，在人与人之间关系平等的基础上实现人的全面发展，通过自身的全面发展促进全社会所有人的全面发展。

理解这一问题，需要明确以下几点：

（1）把人的全面发展观点与人生发展的具体问题结合起来，即与人生自由发展的问题结合起来，正确理解全面发展与自由发展的关系。全面发展主要是就发展的完整性、统一性与和谐性而言的，自由发展主要是就发展的自主性、独特性与个别性而言的。

（2）理解人的全面发展与社会进步之间的辩证关系，从而加深对人的社会本质的正确理解。人的全面发展是一个历史过程，实际上也是人的社会本质的不断丰富的过程。

三、自主演练

（一）单项选择题

1．人的全面发展（　　）。

A．是不可能实现的　　B．今天就能实现

C．只有资本主义社会才能实现　　D．是一个逐步实现的历史过程

2．个性自由就是（　　）。

A．完全按照自己的欲望做事

B．自主地选择和决定自己的生活

C．个人的能力和潜能按照个人的意愿得到自由而充分的发挥和发展

D．拥有自由支配的时间和空间，能随心所欲地实现自己的愿望

3．以下有关个性自由的说法中，正确的是（　　）。

A．个性自由是相对的，而不是绝对的

B．个性自由就是没有自由

C．个性自由就是绝对的自由

D．个性自由就是写在书本上的、现实不存在的自由

4．歌德曾说：“太阳是自由的，但这个自由来自它顺从自己的运行轨道；飞鸟也是自由的，因为它只想展翅于蓝天，而从不奢望遨游大海；一个人要宣称自己是自由的，就会同时感到他是受限制的；如果他敢于宣称自己是受限制的，他就会感到自己是自由的。”这段话表明（　　）。

A．自由是有限度的

B．人的个性自由是在一定基础和条件上的自由

C．自然万物都有其定律

D．要实事求是，从自己的实际能力出发想问题、办事情

5．以下有关个性自由与社会约束的关系的说法中，正确的是（　　）。

A．个性自由是绝对的，社会约束是相对的

B．二者只有统一，没有对立

C．二者只有对立，没有统一

D．完全摆脱社会约束的绝对自由是不存在的

6．学生把头发染成五颜六色、穿古怪的衣服等是一种个性，但学校的纪律不允许。这说明纪律与个性发展的关系是（　　）。

A．纪律不会制止个性的发展　　B．纪律会制止个性的发展

C．纪律只是调控人们的思想　　D．纪律限制不了人们的行为

7．“想唱就唱”是“超级女声”的主题思想，而现在校园里以这一主题形式流行“想唱就唱、想抄就抄”的说法。对此，以下说法错误的是（　　）。

A．是错误的，人的个性自由是相对的

B．是错误的，人的个性自由是在遵守法律和道德前提下的自由

C．没有对错之分，纯属个人的自由选择

D．是错误的，完全摆脱约束、不受任何限制的自由是不存在的

8．中职生要成为德才兼备的全面发展的现代职业人，就必须（　　）。

① 加强道德修养，提高道德素质

② 加强专业技能学习，提高动手能力

③ 加强文化知识学习，提高科学文化素质

④ 加强身心锻炼，提高身心素质

A．①　　B．①②　　C．①②③　　D．①②③④

（二）简答题

1．人的全面发展的条件有哪些？

2．如何理解社会进步与人的全面自由发展的辩证关系？

（三）分析题

材料 1 阿西莫夫是一位在一生中共创作了 470 部著作而享誉世界的科普学家。1958 年，他毅然告别了讲台和实验室。“做我想做的事情，而不一定是最好的事情”是他放弃教授职位的理由。有人说阿西莫夫“自我膨胀得像纽约帝国大厦”，他只是按照自己的方式做事而“毫不谦虚”。对此，他说：“除非有人能够证明我说的仿佛很自负的事情不属实，否则我就拒绝接受所谓自负的指责。”而事实上，阿西莫夫在治学上是很严谨的，在为人方面也是善于自我约束的。

材料 2 现在，有的学生把头发烫得一根根“直冲云霄”，把头发染得五颜六色；街上有些青少年穿上巨大的裤子外加宽松的运动鞋，还配上一款流里流气的上衣。他们说这就是个性，这才叫独一无二……

请根据上述材料谈谈你对人的个性自由的理解。如果是你，将如何在生活中实现个性自由。

四、人生感悟

风筝与线

一只风筝对它的线说："你限制了我的自由，我想飞得再高些都不行。"

线说："如果没有我的束缚，你会迷失方向的。"

风筝说："我有一对坚固的翅膀，有天生的导航能力，我根本不会迷失方向，我也要成为一只真正的鸟。倒是你这长长的线总是碍我的事，每当我想忘我地去飞时，就会被你无情地拽回。我要摆脱你，飞向我向往的地方。"

"是啊，既然你向往鸟儿们自由飞翔的生活，我该给你一片自由的天空。"线毅然放弃了天空中的风筝。

风筝终于得到了自己想要的自由，无拘无束地和鸟儿们在天空中飞来飞去……

变天了，风在刮，雨在下。鸟儿们纷纷回到了自己的家。风筝慌了神，面对着一望无尽的天空，挥舞着那双纸做的翅膀，惊慌寻找着属于它的方向。挣脱了线的束缚，它似乎找到了自由，却永远迷失了回家的方向。

感悟：自由是相对的，有条件的。线的束缚是为了帮助风筝控制方向，没有线，风筝会永远迷失回家的方向。

寻找自由

小鱼问妈妈它怎样才能成为大鱼。小鱼妈妈默而不答，只是指着大海的方向。于是小鱼独自游啊游，终于游到了大海，并在大海的风吹浪打中迅速成长为大鱼。此时小鱼才明白妈妈的意思，风平浪静里是长不成大鱼的，只有经过浪花的洗礼才能长成大鱼。

感悟：海上浪花的约束，最终使小鱼游向大海，获得了自由。大海才是鱼的自由王国。

糖果的秘密

有这么一个故事：一个小孩儿跟他爸爸去邻居家玩，邻居很喜欢这个小家伙，就拿出糖罐说："来，抓一把。"小孩儿两眼看着糖罐，手却一动不动，邻居催促了几次，小孩儿就是不伸手。最后，邻居只好自己动手，抓了一大把糖果塞到小孩儿的衣袋里。回家的路上，小孩儿的爸爸问他："平时你最爱吃糖果了，今天为什么自己不伸手？"

如果你是那个小孩儿，你会怎样回答？是因为害羞吗？不是。故事中的小孩儿是这样告诉他爸爸的："我的手小，抓一把抓得太少。他的手大得多，还是让他抓好一些。"这个小孩儿的聪明之处就在于知道自己的短处并巧妙地避开它，从而为自己争取更大的好处。

感悟：以付出同样的努力而论，扬长避短的人，事半而功倍；扬短避长的人，事倍而功半。

五、延伸学习

中国梦属于中国青年

青年最富有朝气、最富有梦想，青年兴则国家兴，青年强则国家强。广大青年要坚定理想信念，练就过硬本领，勇于创新创造，矢志艰苦奋斗，锤炼高尚品格，在实现中国梦的生动实践中放飞青春梦想，在为人民利益的不懈奋斗中书写人生华章。

第一，广大青年一定要坚定理想信念。"功崇惟志，业广惟勤。"理想指引人生方向，信念决定事业成败。没有理想信念，就会导致精神上"缺钙"。中国梦是全国各族人民的共同理想，也是青年一代应该牢固树立的远大理想。中国特色社会主义是中国共产党带领人民历经千辛万苦找到的实现中国梦的正确道路，也是广大青年应该牢固确立的人生信念。

第二，广大青年一定要练就过硬本领。学习是成长进步的阶梯，实践是提

高本领的途径。青年的素质和本领直接影响着实现中国梦的进程。古人说：“学如弓弩，才如箭镞。”说的是学问的根基好比弓弩，才能好比箭头，只要依靠厚实的见识来引导，就可以让才能很好地发挥作用。青年人正处于学习的黄金时期，应该把学习作为首要任务，作为一种责任、一种精神追求、一种生活方式，树立梦想从学习开始、事业靠本领成就的观念，让勤奋学习成为青春远航的动力，让增长本领成为青春搏击的能量。

第三，广大青年一定要勇于创新创造。创新是民族进步的灵魂，是一个国家兴旺发达的不竭源泉，也是中华民族最深沉的民族禀赋，正所谓“苟日新，日日新，又日新”。生活从不眷顾因循守旧、满足现状者，从不等待不思进取、坐享其成者，而是将更多机遇留给善于和勇于创新的人们。青年是社会上最富活力、最具创造性的群体，理应走在创新创造前列。

第四，广大青年一定要矢志艰苦奋斗。“宝剑锋从磨砺出，梅花香自苦寒来。”人类的美好理想，都不可能唾手可得，都离不开筚路蓝缕、手胼足胝的艰苦奋斗。我们的国家，我们的民族，从积贫积弱一步一步走到今天的发展繁荣，靠的就是一代又一代人的顽强拼搏，靠的就是中华民族自强不息的奋斗精神。当前，我们既面临着重要发展机遇，也面临着前所未有的困难和挑战。梦在前方，路在脚下。自胜者强，自强者胜。实现我们的发展目标，需要广大青年锲而不舍、驰而不息的奋斗。

第五，广大青年一定要锤炼高尚品格。中国特色社会主义是物质文明和精神文明全面发展的社会主义。一个没有精神力量的民族难以自立自强，一项没有文化支撑的事业难以持续长久。青年是引风气之先的社会力量。一个民族的文明素养很大程度上体现在青年一代的道德水准和精神风貌上。

期末测试

一、单项选择题（每题 1.5 分，共 30 分）

1.《三国演义》写尽了十八般兵器，但没有写到手枪；《封神榜》写尽商纣宫廷的奢华，却没有提到互联网、高尔夫。这是因为（　　）。

A．意识活动没有主动创造性　B．人的意识无法反映未来

C．意识的内容来自客观存在　D．人的意识无法把握事物的本质

2．“拔苗助长”的错误主要在于（　　）。

A．夸大了客观条件对自觉能动性的制约作用

B．忽视人的自觉能动性、创造性

C．强调了规律的客观性，否认了人的自觉能动性

D．夸大了人的自觉能动性，忽视了规律的客观性

3．在高速运行的宇宙飞船中，宇航员的身体对于飞船船舱来说，其位置是不变的。这说明（　　）。

A．在一定条件下，任何事物都处于静止状态

B．对某一事物来说，运动不一定是无条件的

C．对某一事物来说，静止不一定是有条件的

D．在一定条件下，任何事物都处于运动状态

4．我国古人崇尚人与自然的和谐发展，这种观点在现在仍具有积极意义。比如道家强调“道法自然”，认为人类应该以自然为师，顺应自然。这一思想启示我们（　　）。

A．认识和利用规律必须以发挥自觉能动性为基础

B．认识和改造自然必须以承认自然界的客观性为前提和基础

C．自然界和人类社会没有本质区别

D．只能顺应自然，尊重自然，而不能改造自然

5.“两军对垒勇者胜”表明（　　）。

A．人的自觉能动性受客观条件的制约

B．客观规律性受主观因素的制约

C．人的自觉能动性的发挥是决定胜负的最终因素

D．在相同条件下，人的自觉能动性发挥的程度不同，其效果大相径庭

6．以下关于条件、规律和自觉能动性的关系的说法中，正确的是（　　）。

A．条件不具备，需要发挥自觉能动性去创造条件，具备了一定条件，才能按客观规律办事

B．条件具备了，人们就能按客观规律办事，不需要发挥自觉能动性

C．人们按规律办事，要受到条件的限制，发挥自觉能动性是无用的

D．规律的存在并且发生作用是无条件的，而人们发挥自觉能动性，是有条件的，是受物质条件制约的

7．下列成语典故中，（　　）不能体现普遍联系的观点。

A．唇亡齿寒　　　　　　　B．城门失火，殃及池鱼

C．螳螂捕蝉，黄雀在后　　D．刻舟求剑

8．新事物必然要战胜旧事物，最根本的原因是（　　）。

A．新事物克服了旧事物中的消极因素，比旧事物后出现

B．新事物保留了旧事物中的积极因素

C．新事物增添了为旧事物所不能容纳的新内容

D．新事物符合客观规律，代表了事物的发展方向

9.“城门失火，殃及池鱼”这一成语包含的哲学道理是（　　）。

A．一切事物总是和其他事物有条件地联系着

B．一切事物总是和其他事物无条件地联系着

C．事物是变化发展的

D．意识反作用于物质

10.“不经历风雨，怎能见彩虹。”这句话包含的哲学道理是（　　）。

A．意识对事物发展有促进作用

B．新事物的成长壮大一般要经历艰难曲折的过程

C．事物的发展是前进性与曲折性的统一

D．充分发挥自觉能动性，社会主义建设才能取得成功

11．“红军不怕远征难，万水千山只等闲。”是毛泽东《七律·长征》中的诗句。其体现的哲学道理是（　　）。

A．想问题、办事情必须充分发挥自觉能动性

B．只要发挥自觉能动性，就没有办不成的事情

C．发挥自觉能动性，必须尊重客观规律

D．信念、意志、激情是取得成功的决定因素

12．手机给我们的生活带来了极大的便利，但诸如垃圾短信等也给我们的日常生活带来一些烦恼，甚至有人利用手机进行一些违法活动。这启示我们（　　）。

A．要用不同的方法解决不同的矛盾

B．要解决矛盾就要认识矛盾的特点

C．要坚持一分为二的观点分析解决矛盾

D．要重视量的积累

13．“知人知面不知心”主要是告诫我们（　　）。

A．知人知面就行了

B．一个人的外表容易认识

C．认识一个人的外表就可以了

D．不要轻信一些人的外表，要透过其外表看其本质

14．某同学由于自身努力不够，成绩不好，到处抱怨老师、班风、校风。该同学（　　）。

A．扩大了内因的作用　　B．忽视了外因的作用

C．客观总结了教训　　D．忽视了内因，夸大了外因

15．老母鸡和电孵箱都能将发育良好的鸡蛋孵出小鸡，却不能用石子孵出小鸡，从哲学观点上说明（　　）。

A．内因是事物发展的根本原因

B．外因是事物发展的根本原因

C．内因和外因都是事物发展的根本原因

D．这并不能说明什么问题

16．政府机构改革是政治体制改革的重要内容，是完善社会主义市场经济体制的必然要求。这说明（　　）。

A．生产关系一定要适合生产力状况

B．上层建筑一定要适合经济基础状况

C．生产力一定要适合生产关系状况

D．经济基础一定要适合上层建筑状况

17．理想之所以能激发人们去追求、奋斗，能指导现实的发展，能产生巨大的鼓舞作用，是因为（　　）。

A．理想属于人的意识

B．理想是社会现实的反映

C．理想不能转化为现实

D．理想是比现实更高远、更美好的目标

18．我们的生产同样是反映我们本质的镜子。对此理解正确的是（　　）。

A．人只有在劳动中，在奉献社会的实践中，才能创造价值

B．劳动创造了社会

C．劳动是创造物质财富的过程

D．劳动在社会发展中起决定作用

19．人的自由而全面的发展指的是（　　）的发展。

A．个别人　　B．大部分人

C．杰出人物　　D．全体社会成员

20．“我的工作是平凡的，但我不能平庸。”对这句话的正确理解是（　　）。

A．只要发挥自觉能动性，就可以为社会做出巨大贡献

B．在一定条件下，精神贡献可以大于物质贡献

C．平凡的工作可以做出不平凡的业绩，同样能够实现人生价值

D．实现人生价值必须做平凡的工作

二、多项选择题（每题 2 分，共 20 分）

1．哲学中的两个基本派别是（　　）。

A．物质　　B．意识

C．唯物主义　　D．唯心主义

2．下列属于唯物主义观点的有（　　）。

A．巧妇难为无米之炊　　B．没有调查就没有发言权

C．谋事在人，成事在天　　D．不怕做不到，只怕想不到

3．根据唯物主义的要求，我们想问题、办事情的基本出发点是（　　）。

A．一切从人民群众的愿望出发

B．一切从实际出发，使主观符合客观

C．实事求是

D．一切从书本出发

4．人们能够按自然规律创造出许多自然界原来不存在、单靠自然力量也不能产生的事物。这表明（　　）。

A．有些自然物的存在和变化不具有客观实在性

B．人们改造世界的活动具有创造性

C．人具有自觉能动性

D．自然力量是有限的，人的创造能力是无所不及的

5．下列体现了矛盾观点的有（　　）。

A．金无足赤，人无完人　　B．刻舟求剑

C．夜郎自大，目中无人　　D．祸兮，福之所倚

6．塑料袋出现百年以后，被人们称为“人类最糟糕的发明”之一。目前，我国每天要用掉各种塑料袋 20 亿个以上，塑料袋在给人们带来极大便利的同时，也成为“白色污染”的祸首，严重危害了自然环境。这表明（　　）。

A．任何事物都具有两面性

B．事物的发展是前进性和曲折性的统一

C．任何事物都有好有坏

D．任何事物都有主要矛盾和次要矛盾

7．下列选项中，体现个人活动与社会发展关系的有（　　）。

A．人生自古谁无死，留取丹心照汗青

B．横眉冷对千夫指，俯首甘为孺子牛

C．先天下之忧而忧，后天下之乐而乐

D．书山有路勤为径，学海无涯苦作舟

8．易卜生在致朋友的信中说："你要想有益于社会，最好的办法莫如把自己这块材料铸造成器。"这表明（　　）。

A．人生价值的实现必须有良好的社会环境

B．人生价值的实现有赖于自身素质的全面提高

C．要实现社会价值，最好先实现自我价值

D．人的自我价值与社会价值是统一的

9．一个替政府看门的中学毕业的青年，锲而不舍地专注于自己的业余爱好——打磨镜片。借助自己研磨的超出专业技师水平的复合镜片，他发现了当时人类尚未知晓的微生物世界，得到科学界的广泛赞誉，被授予巴黎科学院院士头衔。他就是荷兰科学家列文·虎克。该材料表明（　　）。

A．实践是个人与社会统一的基础

B．生活理想是个人全面理想的基础和归宿

C．人所特有的劳动创造力是人生价值的源泉

D．获得社会认可是人生价值实现的基本标志

10．追求个人的个性发展本身也是社会进步的表现，但人们在追求个性发展的过程中，应该（　　）。

A．把个人和社会统一起来，在统一中实现个人价值

B．以"新潮""时髦"作为标准

C．表现为对他人、对社会的独特的贡献方式

D．表现为人的行为怪异和陋习

三、判断题（对的打√，错的打×。每题1分，共10分）

1．关键时期的人生选择对其一生的发展具有重大影响。（　）

2．创新是一个民族进步的灵魂。（　）

3．只要发挥自觉能动性，就会达到预期的目标。（　）

4．顺境、逆境都是外因，必须通过内因才能起作用。（　）

5．“守株待兔”这个成语故事中，兔子撞树而死是必然现象。（　）

6．任何现象都是本质的表现，本质总要表现为现象。（　）

7．变化就是发展，发展就是变化。（　）

8．联系是普遍的，意味着任何两个事物之间都是有联系的。（　）

9．现象相同本质就相同，本质相同现象就相同。（　）

10．电脑算命是新事物。（　）

四、分析说明题（40分）

1．东汉时期的大医学家张仲景，有一次给两个人看病。他们都是在路上被大雨淋了，头痛、发烧、咳嗽、鼻子不通气。张仲景给他们每人开了一帖麻黄药。第二天早上，一个病人吃了药出了一身汗，病已好了一大半；而另一个人虽然也出了一身汗，病却反而加重了。这是为什么呢？张仲景仔细进行了分析研究，原来两个人尽管病因、症状都差不多，但一个人看病时没有汗，另一个人正出汗。没有汗的病人吃了药发了汗就好了，原来有汗的病人再吃发汗药，汗出得太多了。于是，他另换一个药方，这个人吃药后病也很快就好了。

请根据上述材料，回答以下问题：

（1）为什么同样是感冒，用同样的药方治疗，其效果却不一样呢？（4分）

（2）在我们的生活和学习中，怎样做到主观与客观相符合？（6分）

2. 从职校中走出来的毕业生，事业有成者有之，庸庸碌碌者有之，自暴自弃、一蹶不振者也有之。其实，这种差别在学校期间就出现了。有的学生上职校是出于无奈，把自己定位于中考的失败者，看不到自己的前途，认为上职校就是混三年；有的学生把上职校看成是人生新的起点，努力学习，一切从头开始；还有的学生把上职校看成是人生的一次机遇，可以发挥自己的特长和强项，在校学习期间就是学习的有心人。

请根据上述材料，回答以下问题：

（1）什么是唯物辩证法的发展观？（4分）

（2）如何以积极的心态对待挫折和逆境？（8分）

3. 两个推销员到一个岛上去推销鞋。第一个推销员发现这个岛上的人们没有穿鞋的习惯，都打赤脚。没有穿鞋，怎么推销鞋？他气馁了，马上发电报回去说："鞋不要运来了，它在这个岛上没有销路。"第二个推销员来了，高兴得几乎晕过去。因为，他觉得这个岛上的鞋的销售市场太大了：每个人都不穿鞋，要是一个人穿一双鞋，销量就不得了了。于是，他马上发电报回去："赶快空运鞋！"

请根据上述材料，回答以下问题：

（1）这两个推销员分别采用了什么思维方式？（4分）

（2）第二个推销员能获得成功吗？（1分）为什么？（4分）

（3）假如你是第二个推销员，你将如何推销你的鞋子？请至少列举出三种推销办法。（9分）